主廚級 西式肉料理

西餐經典主菜

開平青年發展基金會◎著

輕鬆做出星級料理的祕訣，
從了解食材與烹調法開始！

　　大眾對西餐的印象多為精緻又繁複，但美味的料理從食材的選用及處理，醬汁的風味，到烹調的拿捏都很講究。越簡單的家常料理越是困難！當你能夠掌握工法，方能進階學習色彩擺盤的美學，精緻的點綴。過去的時代，做菜通常是依照步驟「模仿」學習，但並不是每次都能有滿意的成果，這多源於學習方式造成的侷限。料理就如同奠基科學理論的魔法，若想做出色香味俱全的美味菜色，需要的不是照本宣科的複製，而是理解如何透過每個料理步驟達成理想成果。開平餐飲學校累積多年餐飲教學經驗，師資皆經過以科學方式傳授工法的教育培訓，《主廚級西式肉料理》以肉料理為主題，用淺顯易懂的圖文說明西餐內蘊的許多工法重點，讓在家做出星級料理不再遙不可及。

　　本書藉由多道傳統西餐料理，介紹個肉料部位及海鮮食材的運用為媒介，介紹各種烹調法的原則，讓對於烹調料理初學者與想要精進廚藝的你更能掌握料理的核心，食材的特性，懂得如何搭配不同高湯或醬料的組成，去理解透過料理工法會碰撞出什麼化學反應，讓料理從烹調到入門的過程能被想像，以此建構出一套做菜邏輯，就能不受場地限制，運用自如的去做出心中的美味。

　　開平餐飲學校於 2007 年即轉型成餐飲專業學校，在 2015 年更是成為全球唯一取得國際 Worldchefs 三廚認證的技職高中，以培育青年飲食與文化相關人才為宗旨，由開平青年發展基金會自 2017 年出版《做甜點不失敗的 10 堂關鍵必修課》後，陸續發表《金牌團隊不藏私的世界麵包全工法》、《最強技法！職人級中式點心全圖解》、《1500 張實境照！料理不失敗 10 堂必修課》等多本暢銷書，開平希望可以提倡工法教學，讓對料理有熱誠的你，未來能掌握工法原則，在這全球資訊流通的時代，在家也能做出星級料理！我們也樂於與大眾分享分享餐飲經驗，並希望透過這樣的經驗傳承將烹飪走向科學。

開平青年發展基金會代表
開平餐飲學校校務主委
夏豪均

目次

PART 1
咀嚼幸福的味道！牛肉料理

PART 2
最日常的餐桌良伴！豬肉料理

到餐廳「開心吃頓飯」的喜悅，
原來在家也能簡單做到！

吃飯，聽起來再單純不過，
但為什麼只要一聽到是要去餐廳吃，就會讓人有所期待，
甚至開心的不得了呢？
或許是因為我們所期待的，是看到那美得像一幅畫的菜端出來的瞬間，
也或許，我們等待的是，那一份足以讓味覺怦然心動的「好味道」！

那麼，到底什麼才是「好味道」？
所謂的「好味道」其實並沒有放諸四海的標準，
想要在自己的家裡成就這份美好的滋味，並沒有想像中那麼困難，
有時，就是能跟家人一起採買、刷洗、分切、入鍋、調味、擺盤的參與過程，
有時，就是大家一起動手料理，用美食的調味，讓生活變得更有滋有味，
如此而已！
然而，其中最重要的理由，可能就是能順應自己味蕾的取向，
去豐富餐桌的每一道食物，
所以，對許多人來說，料理這件事成為生活的總和，總在不知不覺中發生。

那麼，要怎麼做，才能在家做出餐廳等級的好味道？
如果能在「完備基礎知識」與「瞭解製作原理」這兩件事上更具足，
就可以朝自己喜歡的方向去自由發揮，
料理出一咀嚼就分泌幸福多巴胺的好滋味！

而就在你學會用心製作、好好品嘗每一份食物風味的過程中，
一點一點的存下對美好滋味的感動體驗，
甚至藉由這份絕妙的體驗，打開味覺的連結與視野，
從今往後，不僅能從本質上去欣賞料理的美，
更能用不同的角度去看待料理這件事！

在家料理出「好吃的肉」必學知識

對於「不好吃的肉」，每個人的觀感可能不太一樣，

大概可以統整出：吃起來很柴、咬起來硬梆梆的、很難吞嚥等等。

若是想要在家做出「好吃的肉」其實並不難，只要知道專業手法背後的原理，

不論從烹調前的選購，包括觀察顏色、光澤、彈性，

或是烹調時的技法，全都馬虎不得。

烹調前的選購祕訣

色澤

不論紅肉或是白肉，在選購時檢查肉品的顏色，絕對不能忽略。一般來說，比起不常活動的部位，越是活動頻繁的部位肉色就會越為深紅。而油花的色澤，以呈現乳白色且帶有光澤的較好。不過有時也會發現到，雖是同樣部位，但在傳統市場與超市選購時，顏色上會有差異，這是因為肉攤上的肉會因為直接接觸到空氣，所以會呈現出更為鮮豔的紅色。

觀察肉的「色澤」、「緊實度」、「油花」

要做出好吃的肉料理之前，購買時就要買到新鮮的肉是首要關鍵。但除了新鮮，同時還要觀察肉的「色澤是否漂亮」、「肉質摸起來是否緊實」，以及「油花分布是否均勻」來做為判斷。

此外，選肉的標準也會視不同的需求，比如要怎麼烹調？該選哪個部位來製作，也會影響著成品的美味與否，這些也都要一併考量。

緊實度

肉的緊實度，會受到水分、脂肪分布這些因素而有所影響。有緊實度的肉，質地上會比較濕潤、有彈性；緊實度差的肉，質地就會比較鬆弛、軟爛。當我們解剖肉的組織時，很容易觀察到它是排列成束的肌纖維，當束狀結構比較細，肌理就細嫩，肉質就會比較軟嫩。此外，肉的含水量大約在70％-80％之間，進行烹調時若能保持水分，就可以做出口感柔嫩又多汁的美味肉料理。

油花分布

不論是牛肉或豬肉，都含有鬆軟的油花，也就是脂肪。而油花如果是平均且是細緻的分布，那麼烹調之後的肉質就會是軟嫩而多汁的，這是因為油花具有軟化肉質、讓口感變得更好的作用，且因為具有濃郁的味道，能夠讓肉在入口時，風味更好。

烹調時的美味關鍵

掌握好「食物的氣味」、「咀嚼感」與「質地」

當我們把做好的料理端上桌,能不能引人入勝,往往就在於散發出來的香氣能否令人垂涎?以及吃進嘴裡,是不是有著滿滿的肉汁?入口的味道,會不會讓人吮指,且回味再三?當然,要成就一道美味的菜,除了前置處理時對切割方式、厚薄,讓口感產生不同的變化外,更會因為煎、煮、炒、炸等等不同的烹調方式而造就出香氣、咀嚼感、味道都不相同的肉料理。

氣味

判斷這道料理是否美味,從食物所散發出來的氣味,往往成為重要依據。通常能夠讓人感到食慾大增的,都是能散發出強烈味道的料理。而這些香氣的產生,是透過煎、煮、烤、炸等加熱程序,或者利用發酵、熟成、氧化來促使食物裡的化學物質產生各種反應,讓香氣四逸,讓人食指大動。

咀嚼感

除了肉本身的肌理以及緊實度外,就算使用的部位一樣,但也會因為切割時的厚薄、形狀,是切薄片、切成塊狀,還是剁碎等等不同的前置處理,再加上運用不同的烹調方式,讓入口時的咀嚼感有所差異,讓口感產生了不一樣的感受,另外,加熱時間的長短也是左右肉質咀嚼感的重要因素之一。

質地

肉的結締組織中含有膠原蛋白,而其中以牛肉的結締組織最為強韌,所以烹調時間也需要比較久。豬肉、羊肉或者雞肉,因為結締組織含量比較少,尤其背部和腹部,這些較少運動到的肌肉,所以肉的質會比較軟,烹調時間上,比起雞肉,羊肉、豬肉需要的時間比較長,才能製作出軟嫩口感。

在家料理出
「好吃的海鮮」
必學知識

不論魚、蝦,還是貝類,
挑選海鮮,最重要的就是新鮮度,
而外觀的完整性、色澤光亮,
以及聞起來的味道,
也是不能或缺的判斷因素之一。

在選購海鮮的要訣
首重外觀與味道
再搭配正確的烹調方式!

先檢查外觀是否完整

新鮮的魚、蝦、貝,外觀應該是完整無破損。
魚的鱗片沒有出現鬆脫,眼睛無混濁狀,魚鰓
鮮紅;蝦的頭部與身體緊貼,肉質有彈性。

色澤是否光亮

新鮮的海鮮,顏色會漂亮有光澤,若是看起來
失去光澤,且用手按壓魚肉時缺乏彈性,有黏
手的感覺,就要避免購買。

具海腥味

將鮮魚湊近聞一聞,會有一股淡淡的海腥味,
若是有發酸、變臭的腥臭味,或是聞起來嗆
鼻、多半已經存放過久絕不能購買。

1

清蒸

用蒸的方法製作出來的海
鮮,最大的特色是口味清
淡,且能嚐到食物原有的
鮮甜滋味,所以是最容易
吃出食材原味的好方法。
將食材放入水已煮滾的鍋
中,全程以大火隔水蒸熟
即完成。

紙包烘烤

使用蒸氣烤箱的原理是透過水蒸氣加熱，來保留住食材水分，就能有效避免食物過乾或過焦。如果沒有蒸烤箱，而使用一般烤箱，就必須確實做好顧爐的動作，以免烤過頭。

高溫油炸

油炸時要放入足夠的油再進行，而火力控制也至關重要，必須考慮食物的材質以及想要呈現出的口感來決定。以大火快速炸熟的口感較酥脆；小火慢炸出來的口感較軟嫩，含油量也會比較多。

煎烤

不論煎魚或蝦貝，重點在於鍋要熱，且入鍋後不要頻頻翻動，待上層顏色略呈金黃，翻面再煎即可。用煎的方式烹調出來的海鮮，最大的特色是外皮香酥、內裡軟嫩，且不帶有湯汁，吃起來十分香酥可口。

美得像一幅畫！
端出令人「怦然心動的視覺」必學知識

在品嘗到足以讓味覺怦然心動的「好味道」之前，
端出來的菜色要能讓人感到驚艷，除了主菜要夠吸睛外，
裝飾菜的點綴、醬料的畫龍點睛以及整體盤式的考量，都是重要關鍵！

豐富色彩的裝飾菜

利用裝飾蔬菜來擺盤，讓整體的色彩效果大大的提升。裝飾菜可分為食用花卉、小葉芽菜蔬菜、小型根莖等三大種。

食用花卉

食用花卉的色彩大多非常鮮豔，且種類繁多，用於裝飾菜餚已經非常普遍，不論在超市或者網路上，都非常容易購得。使用花卉擺盤最大的特色，就是可以讓整體菜餚的色彩更加豐富，往往也能起到畫龍點睛的效果，加上花卉特殊的風味，堆疊出不一樣的口感。

小葉芽菜蔬菜

包括紅酸模、小牛血葉、山蘿蔔葉、玉米苗等等，都是做為裝飾菜的常見食材，最常使用溫室種植的有機小葉芽菜蔬菜類，價格也越來越親民。

小型根莖

例如：櫻桃蘿蔔、迷你甜菜根、迷你紅蘿蔔……。這些小型根莖類吃起來的風味跟一般常見的大型蘿蔔或甜菜根截然不同，咀嚼後的甜度也較高，擺盤時大多切成薄片來呈現。

增色提味的新鮮香草

利用新鮮香草來擺盤，不僅能讓整體的配色效果更好，同時，香草濃烈的香氣，更能讓口感度大大的提升。經常用到的新鮮香草包括羅勒、迷迭香、巴西里、百里香等等。

羅勒

現在市面上常見品種，包括甜羅勒、檸檬羅勒、紫羅勒等。與九層塔不同的是其葉大而圓，葉面下垂，且帶著清淡的香氣。除了做為裝飾外，也經常用來製作青醬。

迷迭香

迷迭香的氣味非常強烈，除了做為裝飾外，也經常用來和雞肉一起搭配烹調。但其實，它與紅肉一起烹煮的效果也非常好，可以把肉的腥味完全去除。

百里香

帶有些許苦味的百里香,有溫和的香氣,
經常出現在海鮮類的料理中,這是因為它
消除海鮮腥味的效果非常好,小巧的葉
片,更經常用來裝飾在料理上。尤其切碎
後撒在各式料理中,更能增添風味。

營造整體氛圍的擺盤技巧

先在心中建構藍圖

想要讓做好的菜看起來更好吃,就不能忽
略擺盤技巧。在入盤之前,要先考慮到整
體布局,從「點、線、面」上面多方考量
擺盤的視覺感,以及如何營造出立體感,
都必須先建構好。

平衡色彩搭配

其實色彩本身並沒有溫度差別,但在視覺
上,的確會引起是冰冷還是溫暖的聯想與
感受。所以如何做到色彩搭配上的平衡?
包括冷暖色的平衡、互補色的平衡、深淺
色的平衡,以及面積大小上的平衡等等。

把握好主從比例與適度留白

也就是要把握好主菜與配菜之間的比例原
則,一道菜的主菜是建構藍圖時最應該被
凸顯的,而配菜是用來襯托主菜,因此不
管在大小或比例上,都應該拿捏得當,不
能失了分寸。此外,適度的留白會讓菜色
顯得更為精緻、美味可口。

做出好味道！
高湯是不可或缺的幕後功臣

運用事先準備好的高湯來進行料理，
不僅能節省許多時間，
更重要的是，能大幅提升菜餚的美味度，
讓好味道富有多種層次！

牛骨高湯

材料

牛骨…4.5公斤　　　紅蘿蔔…225公克
冷水…9000cc　　　月桂葉…4片
洋蔥…450公克　　　百里香…6公克
西芹…225公克　　　胡椒粒…6公克

作法

1　先將牛骨頭切成8～10cm長，並以冷水清洗乾淨後備用。

2　將洗好的骨頭放入煮滾的滾水中，汆燙約5分鐘，將骨頭撈起並以冷水清洗乾淨。

3　把汆燙好的骨頭放入鍋中，注入冷水，加入所有的食材，以大火煮滾，轉小火，慢煮5小時，期間要不定期的使用細目撈網去除表面浮渣。

4　熄火後使用細目篩網，過濾高湯，等冷卻後放入冰箱保存即可。

豬骨高湯

材料

豬骨…1.5公斤　　　紅蘿蔔…75公克
冷水…4500cc　　　月桂葉…2片
洋蔥…150公克　　　百里香…3公克
西芹…75公克　　　胡椒粒…3公克

作法

1　先將豬骨頭切成8～10cm長，並以冷水清洗乾淨後備用。

2　將洗好的骨頭放入煮滾的滾水中，汆燙約5分鐘，將骨頭撈起並以冷水清洗乾淨。

3　把汆燙好的骨頭放入鍋中，注入冷水，加入所有的食材，以大火煮滾，轉小火，慢煮4小時，期間要不定期的使用細目撈網去除表面浮渣。

4　熄火後使用細目篩網，過濾高湯，等冷卻後放入冰箱保存即可。

羊骨高湯

材料

羊骨…3 公斤	紅蘿蔔…150 公克
冷水…6000cc	月桂葉…3 片
洋蔥…300 公克	百里香…5 公克
西芹…150 公克	胡椒粒…5 公克

作法

1　先將羊骨頭切成 8 ～ 10cm 長，並以冷水清洗乾淨後備用。

2　將洗好的骨頭放入煮滾的滾水中，汆燙約 5 分鐘，將骨頭撈起並以冷水清洗乾淨。

3　把汆燙好的骨頭放入鍋中，注入冷水，加入所有的食材，以大火煮滾，轉小火，慢煮 4 小時，期間要不定期的使用細目撈網去除表面浮渣。

4　熄火後使用細目篩網，過濾高湯，等冷卻後放入冰箱保存即可。

雞骨高湯

材料

雞骨…1.5 公斤
冷水…4000cc
洋蔥…150 公克
西芹…75 公克
紅蘿蔔…75 公克

Seasoning 調味料
(1) 月桂葉…1 片
(2) 百里香…2 公克
(3) 胡椒粒…2 公克

作法

1　先將雞骨頭切成 8 ～ 10cm 長，並以冷水清洗乾淨後備用。

2　將洗好的骨頭放入煮滾的滾水中，汆燙約 5 分鐘，將骨頭撈起並以冷水清洗乾淨。

3　把汆燙好的骨頭放入鍋中，注入冷水，加入所有的食材，以大火煮滾，轉小火，慢煮 2 小時，期間要不定期的使用細目撈網去除表面浮渣。

4　熄火後使用細目篩網，過濾高湯，等冷卻後放入冰箱保存即可。

魚骨高湯

材料

魚骨…800公克
冷水…2000cc
洋蔥…80公克
西芹…80公克
月桂葉…1片
百里香…1公克

作法

1　先將魚骨頭切成8～10cm長，並以冷水清洗乾淨後備用。

2　將洗好的骨頭放入煮滾的滾水中，汆燙約5分鐘，將骨頭撈起並以冷水清洗乾淨。

3　把汆燙好的骨頭放入鍋中，注入冷水，加入所有的食材，以大火煮滾，轉小火，慢煮45分鐘，期間要不定期的使用細目撈網去除表面浮渣。

4　熄火後使用細目篩網，過濾高湯，等冷卻後放入冰箱保存即可。

熬出鮮美高湯這樣做！

1. 選用好的食材

選用新鮮食材，是熬出好高湯的重要關鍵。如果想使用冷凍食材，最好搭配相關認證並選擇合格大品牌廠商，如此一來就可以多一層保障。

2. 事先汆燙，並以大火煮滾，小火慢熬

製作高湯時所選用的食材，不論是牛骨、豬骨、雞骨還是魚骨，都必須事先汆燙過，洗淨後加入清水與其他材料，先以大火煮滾，沸騰後將火轉為小文火狀態，讓湯的品表面偶有小小的波紋為宜。因為骨頭裡的胺基酸凝結溫度不高，如果瞬間持續高溫反而因此將營養封存在骨頭內，因此要以小火低溫的方式燉煮才有助於骨頭裡微量分子的釋放。

3. 過程中要仔細撈除浮渣

在熬煮的過程中，可以看到在湯的表面會出現一些帶血的雜質，所以要時不時的把那些雜質撈除，避免高湯變濁，且能預防不好的雜味產生。

4. 熬煮的時間是影響風味的關鍵

一般來說，蔬菜與魚類所需熬煮的時間不需要太久，大約在45分鐘即可釋放出蘊藏其中的風味，至於大骨類則至少需要5-8小時，以細火慢熬，才能讓其中的礦物質、胺基酸等精華物質溶解釋放。

5. 避免蓋上鍋蓋

很多人在熬煮高湯的過程，喜歡蓋上鍋蓋，但這樣一來，不但那些雜質容易與高湯混在一起，同時香氣也不易釋放，因此要避免。

利用味水浸泡法
能去除肉腥味，讓肉質更軟嫩！

比起汆燙或是以大量的清水沖刷，
利用味水的薄鹽水浸泡法，
除了能解凍、提升保汁性外，
最重要就是能去除血水，來達到軟嫩肉質的目的。

材料

冷水…1000cc
大蒜…15公克
月桂葉…2片
百里香…3公克
黑胡椒…4公克
鹽…30公克
糖…10公克

作法

將大蒜拍扁後，把所有材料與肉品放入容器
內一起拌勻即可使用，浸泡時間大約1小呀。

PART1

咀嚼幸福的味道！
牛肉料理

挑選美味牛肉的 3 大基準

1. 色澤

不論紅肉或是白肉，在選購時檢查肉品的顏色，
絕對不能忽略。一般來說，比起不常活動的部
位，活動得越是頻繁的部位，肉色就會呈現出更
為深紅。不過有時也會發現到，雖是同樣部位，
但在傳統市場與超市選購時，顏色上會有所差
異，這是因為肉攤上的肉直接接觸到空氣，就會
呈現出更為鮮豔的紅色。

2. 緊實度

當我們切開肉的組織時，可以發現到排列成束的
肌纖維，而這些束狀結構如果較細，肌理就會
相對細嫩，肉質就就比較軟嫩。另外，肉的緊實
度，會受到水分、油花分布等因素影響。一般來
說，有緊實度的肉，在質地上會較濕潤、有彈性；
相反的，如果緊實度差的，在質地上就會顯得鬆
軟。一般來說，肉的含水量為70％-80％，所以
當我們進行烹調時若能保持好水分，那麼就能做
出口感柔嫩多汁的美味肉料理。

3. 油花分布

不論是牛肉或豬肉，都含有鬆軟的油花，也就是
我們常說的脂肪。如果油花平均分布，那麼烹調
之後的肉質就會是軟嫩而多汁的，這是因為油花
具有軟化肉質、讓口感變得更好的作用，且因富
含濃郁味道，所以能讓肉在入口時，風味更好。
當然，烹調時的火力大小以及溫度控制也非常重
要。

油花的色澤，以呈現乳白色且
帶有光澤的較好。

有緊實度的肉，在質地
上也會較為濕潤，摸起
來有彈性。

活動得越是頻繁的部
位，肉色就會呈現得越
為深紅。

讓牛肉變好吃的事前處理

想要端出能散發出香氣，以及入口的味道都能讓人回味再三的料理，
事前的仔細處理步驟必不可少，包括如何去除血水雜質、
前置處理時的切割方式、以及讓肉質變嫩的事前醃漬等等，
每一步都做到位，就能做出美味又好吃的牛肉料理。

要做出好吃的肉料理，肉的新鮮與否是首要注意的關鍵之一。但除了新鮮，肉的味道也關乎料理的成敗，所以，買回來的肉，一定要經過一些事前處理，包括「去除血水與雜質」、「注意肉的切法」，以及「如何進行事先醃漬」等等，讓做出來的肉料理，美味零失敗！

去除血水與雜質

判斷這道料理是否美味，從食物所散發出來的氣味，往往成為重要依據。想要能夠讓人感到食欲大增，利用能夠去除血水與雜質的方式，來達到去除肉腥味的作法，必須確實做到。

當然，作法上有許多選擇，有些人會用跑活水的方式，有些會用汆燙，但其實最有效的方式，是以「味水浸泡」，最能去除血水與肉中雜質。

逆 切、順紋切，口感大不同

想要順著紋路切還是逆著紋路切，那麼就要先學會觀察肉的表面肌理紋路。當你拿起一塊肉，就能觀察到表面的肌纖維組織紋路。在進行切割時，順著肌纖維組織紋路切開，肉就會呈現條狀的肌纖維，在烹調後入口，就會發現到其實牙齒並不容易將其咬斷。所以，如果想輕鬆的咬斷肌纖維，那麼就要採取逆紋切割的方式，把紋理切斷，咀嚼起來就會更輕鬆，且口感上會更柔滑。

事先進行醃漬
更能強化整體風味

如果能在烹調之前，事先對肉類進行醃漬，除了能讓整體風味更好之外，透過醃漬的材料，例如：香草、辛香料、糖、醋、油脂等等不同的成分，對肉類所含的蛋白質進行事先的分解，就能夠讓肉質入口時更為軟嫩。

浸泡味水
去除肉腥味肉質更軟嫩

比起汆燙或是以大量的清水沖刷，利用味水的薄鹽水浸泡法，除了能解凍、提升保汁性外，最重要就是能去除血水，來達到降低肉味的目的。只要將冷水、大蒜、月桂葉、百里香、黑胡椒、鹽及糖混合好，再放入牛肉浸泡1小時即可。

把紋理切斷
咀嚼起來就會更輕鬆

在進行切割時，順著肌纖維組織紋路切開時，肉就會呈現條狀的肌纖維，烹調後入口，會發現其實牙齒並不容易將其咬斷。所以，當你想要能夠輕鬆咬斷肌纖維，那麼就要採取逆紋切割的方式，把紋理切斷，咀嚼起來就會更輕鬆，且口感上會更柔滑。

事先醃漬
更能強化整體風味

透過醃漬的材料，例如：香草、辛香料、糖、醋、油脂等等不同的成分，對肉類所含的蛋白質進行事先的分解，就能夠讓肉質入口時更為軟嫩。所以在烹調之前，事先對肉類進行醃漬，就能讓整體風味更好。

定義牛肉熟度
是為了一嚐最佳口感

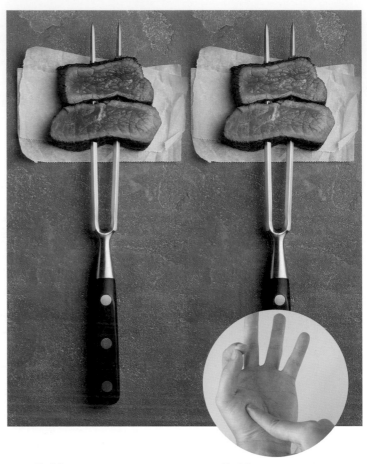

一分熟

當你把手完全打開，按壓
拇指下方的肉，觸感非常
的柔軟，而那樣的觸感就
是一分熟。此時肉的中心
溫度在48℃ - 49℃

三分熟

當你把拇指和食指觸碰在
一起，再按壓拇指下方的
肉，那樣的觸感就是三分
熟。而適合三分熟度的部
位為菲力。這是因為菲力
的肉質，在三分熟的狀態
下有最佳的甜度。其實三
分熟的牛排質地與一分熟
差不多，不過肉色上更為
粉紅，且肉質也更為緊實。
這時肉的內部溫度大約是
50-52℃。

熟度會影響牛肉風味與口感，
透過牛肉在生熟度上的變化，就能夠激盪出多層次的美味。
那麼，牛肉熟度該怎麼控制？又該如何做出心目中最好吃的熟度？
掌握以下說明，就能讓你能做出最適口的熟度！

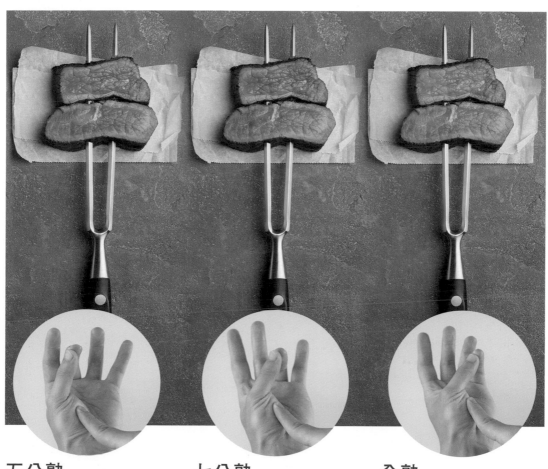

五分熟

把拇指和中指互相觸碰，
這時按壓拇指下方的肉，
就能感覺到五分熟的肉就
是這種觸感。而適合五分
熟度的部位，包括肋眼、
紐約客，吃起來的口感最
好。此時肉的內部溫度大
約在58℃ - 62℃，而肉裡
的蛋白質大多已經凝聚，
所以肉質上會更加的緊實
而濕潤。

七分熟

把拇指和無名指互相觸
碰，這時按壓拇指下方的
肉，就能感覺到七分熟的
肉就是這種觸感。當牛肉
煎到七分熟時，人部分的
肉色已經呈現灰褐色，唯
一剩下中心部位還有一點
點的粉紅色，此時的中心
溫度大約在65℃ - 68℃，
而適合七分熟的部位為牛
小排。

全熟

把拇指和小指互相觸碰，
這時按壓拇指下方的肉，
就能感覺到全熟的肉就是
這種觸感。肉的內部溫度
達到73℃ - 90℃，這是因
為水分被擠出、肉變硬、
肉汁減少的緣故。

煎烤澳洲牛菲力
佐黑胡椒醬汁

材料

煎烤澳洲牛菲力

澳洲牛菲力…150 公克 _ 5 公分厚
鹽…適量
黑胡椒…適量 _ 切碎
迷迭香…適量
百里香…適量
蒜頭…適量
奶油…30 公克

爆炒洋菇

洋菇…100 公克 _ 切 4 等分
洋蔥…10 公克 _ 切碎
蒜頭…5 公克 _ 切碎
紅蔥頭…5 公克 _ 切碎
義大利葡萄酒醋…10cc

鹽…適量
胡椒…適量

馬鈴薯泥

馬鈴薯…350 公克
鮮奶油…50cc
牛奶…60cc
奶油…50 公克

黑胡椒醬汁

黑胡椒碎…8 公克
牛骨肉汁…100 公克

其他

蘆筍…2 支 _ 洗淨、燙熟
紫色花椰菜…1 朵 _ 洗淨、燙熟

Chef tips

牛骨肉汁

材料

牛骨 4.5 公斤、牛臀肉 2 公斤、洋蔥塊 450 公克、西芹塊 225 公克、紅蘿蔔塊 225 公克
牛高湯 10 公升、月桂葉 1 片、百里香 2 公克、胡椒粒 2 公克、紅酒 800cc

作法

1. 烤箱預熱到 200℃，以 200℃將牛骨烤至金黃；牛臀肉表面以平底鍋煎至金黃色。
2. 洋蔥、西芹、紅蘿蔔炒至微焦加入蕃茄糊小火慢炒、在加入牛骨頭、牛臀肉炒勻。
3. 倒入牛高湯小火熬煮 8 小時，並隨時撈起表面浮油及浮渣，紅酒煮到濃縮至 1/2 後加
   入作法 2 中，煮完過濾隔冰冷卻。

作法

I 煎烤澳洲牛菲力

1　牛菲力以鹽巴及黑胡椒碎調味，並以大火把鐵鍋燒熱後改成中火。

2　燒熱的平底鍋中，倒入 1 大匙的橄欖油，以中火加熱，放入迷迭香、百里香及蒜頭，等聞到香氣後，放入牛菲力，直到聞到肉香味前都不要去翻動，期間以鑷子略微翻開把一面煎至呈現焦糖色，時間大約 1 分鐘。

3　翻面後同樣時間煎到呈現焦糖色澤。透過這個過程，去除肉的水分，來增強香氣，把美味好好濃縮。

4　較厚的肉排，因中心部位不易煮熟，所以進行煎製時，除了兩面之外，還要把牛排豎立起來，每一面都仔細煎過，如此一來即使是較厚的牛排也因為受熱一致能確實煎熟。

5　此時將奶油放入，將鍋略微傾斜，在肉塊上反覆澆淋如慕斯一般的氣泡，直到肉面呈現均勻的焦糖色。在這個過程中，不只要觀察牛排的顏色，同時也要注意從奶油或油裡冒出氣泡的狀態，釋放出來的香氣，以及滋滋作響的聲音，以便調整火力，牛菲力建議三分熟。

6　將牛菲力取出，放入已預熱的烤箱，以 200℃ 烤 3 分鐘，取出靜置 5 分鐘，再放入烤箱烤 2 分鐘，再度取出靜置。

II 炒洋菇、馬鈴薯泥

7　平底鍋放入適量的油燒熱，再放入洋菇以中火煎至每一面都呈現金黃上色。接著加入洋蔥、蒜頭、紅蔥頭碎一起炒香，起鍋前加入少許的義大利葡萄酒醋，並以鹽巴及胡椒調味後取出，堆疊到盤中。

8　鍋中放入一塊奶油〈分量外〉，放入蘆筍及紫色花椰菜一起拌炒至香味逸出，用適量的鹽調味即可取出，擺入盤中。

9　馬鈴薯放入滾水煮至熟透後，取出，以濾網過篩，加入鮮奶油及牛奶以調整稠度，最後再拌入奶油一起拌勻，以鹽巴調味後，整型成圓柱狀，放入盤中。

III 製作黑胡椒醬汁

10　黑胡椒碎放入鍋中炒到香味逸出，倒入牛骨肉汁，煮約 15 分鐘，再加入奶油乳化即可熄火，可以當成沾醬，也可以適量的倒在牛排上。

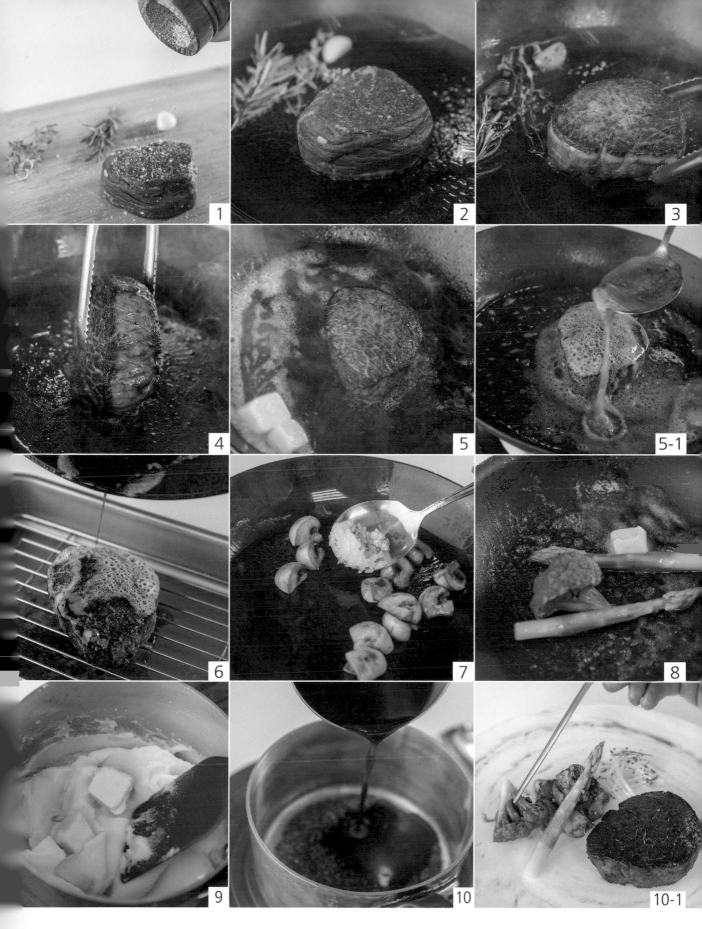

煎烤肋眼
焗烤筊白筍
佐松露蘑菇醬

材料

煎烤肋眼

牛肋眼⋯300g _ 去除筋和油
鹽⋯適量
胡椒⋯適量

焗烤筊白筍

筊白筍⋯1根 _ 去皮後對半切
奶油⋯15公克
起司絲⋯10公克
法式芥末醬⋯10公克
牛骨肉汁（詳見 p.33）⋯150公克

松露蘑菇醬

蘑菇⋯1顆 _ 切碎
松露醬⋯5公克

裝飾

紅牛血苗菜
豌豆苗
玉米苗

Chef tips

1. 煎牛排時建議以鐵鍋來進行，作法是用大火先把鐵鍋燒熱，當牛排一下鍋，馬上就能出現誘人的焦糖色澤，是煎牛排時最佳的鍋子。
2. 如果使用的是冷凍牛排，一定要事先退冰完全，以免煎出外面已經過熟，但裡面卻還硬梆梆的口感。

作法

I 煎肋眼

1 肋眼以鹽巴及黑胡椒碎調味,並以大火把鐵鍋燒熱後改成中火。

2 燒熱的鐵鍋中,倒入1大匙的橄欖油,以中火加熱,放入迷迭香、百里香及蒜頭,等聞到香氣後,放入肋眼,直到聞到肉香味前都不要去翻動,期間以鑷子略微翻開先把一面煎至呈現焦糖色,時間約1分鐘。

3 翻面後同樣時間煎到呈現焦糖色澤,這個過程,是在去除肉的水分,透過去除水分的步驟,就能增強香氣,把美味好好濃縮。

4 將奶油放入,肋眼建議五分熟。

5 將鍋略微傾斜,在肉塊上反覆澆淋如慕斯一般的氣泡,直到肉面呈現均勻的焦糖色。在這個過程中,不只要觀察牛排的顏色,同時也要注意從奶油或油裡冒出氣泡的狀態會愈來愈綿密,滋滋作響的聲音愈來愈小。

6 將牛肋眼取出,放入已預熱的烤箱,以200℃烤3分鐘,取出靜置5分鐘,再放入烤箱烤2分鐘,再次取出靜置。

7 靜置完成後,切成約3公分寬度。

II 焗烤茭白筍

8 平底鍋放入奶油燒熱,再放入茭白筍煎至每一面都呈現金黃上色。

9 將茭白筍取出,在上面均勻的鋪上起司絲,放入已預熱烤箱以200℃烤5分鐘至上色,取出。

III 松露蘑菇醬

10 鍋中放入少許油,蘑菇炒香後加入松露醬及牛骨肉汁,煮滾後加入奶油一起煮到奶油融化即可熄火。

IV 盛盤

11 肋眼先放在盤中,再放上焗烤茭白筍,淋上松露蘑菇醬,最後放上裝飾蔬菜即完成。

碳烤低溫牛小排
番茄燉菜
佐牛骨肉汁醬

Chef tips

1. 煎牛排時建議以鐵鍋來進行，作法是用大火先把鐵鍋燒熱，當牛排一下鍋，馬上就能出現誘人的焦糖色澤，是煎牛排時最佳的鍋子。

2. 煎好的牛排靜置，是要將肉汁好好的鎖在裡面，以免一刀下肉汁流光，吃起來的口感就會變柴。

材料

碳烤低溫牛小排

無骨牛小排⋯150公克 _ 去除筋和油
鹽⋯適量
胡椒⋯適量

番茄燉菜

洋蔥⋯10公克 _ 切0.5公分小丁
黃櫛瓜⋯40公克 _ 切0.5公分小丁
綠櫛瓜⋯40公克，切0.5公分小丁
牛番茄⋯1顆 _ 以滾水燙過去皮及籽，
切0.5公分小丁
蒜頭⋯5公克 _ 切碎
雞高湯⋯30cc
百里香⋯適量
奶油⋯15公克
鹽巴⋯5公克
胡椒⋯5公克

佐牛骨肉汁醬

牛骨肉汁（詳見 p.33）⋯150公克

裝飾

紅蔥頭⋯1顆 _ 切成對半，內層撥開後用
油鍋180度炸至金黃
青蔥⋯50公克 _ 洗淨、擦乾水分切段
沙拉油⋯40公克
事前準備：將青蔥、沙拉油打勻，以低溫
120度加熱15分鐘，冷卻過濾即為蔥油。
去籽黑橄欖⋯1顆 _ 切成對半
紅牛血苗菜
豌豆苗
玉米苗

作法

| 碳烤低溫牛小排

1 　真空袋中放入牛小排、百里香後，倒入橄欖油，以真空機將其真空。

2 　真空好的牛小排用58度低溫煮約1.5小時。

3 　取出後擦乾，將四邊修整整齊，並以鹽巴及黑胡椒碎調味。以大火先將鐵鍋燒熱後改成中火。

4 　燒熱的鍋中，倒入1大匙的橄欖油，以中火加熱，等聞到香氣後，放入牛小排，先把一面煎至焦糖色，時間約1分鐘，翻面後同樣時間煎到呈現漂亮焦糖色澤。

5 　較厚的肉排，因中心部位不易煮熟，所以進行煎製時，除了兩面之外，還要把牛排豎立起來。

6 　要把每一面都仔細的煎過，如此一來即使是較厚的牛排也能確實煎出焦糖色。

7　煎牛排的過程，是在去除肉的水分，而透過去除水分這個步驟，就能增強香氣，把美味好好的濃縮。

8　牛小排建議七分熟，或者根據自己的喜好進行煎製，直到肉面呈現均勻漂亮的焦糖色。

9　將牛排取出，靜置5分鐘，用餘溫讓肉熟成鎖住肉汁。

10　將肉汁好好的鎖在裡面以後再下刀，就能避免一刀切下肉汁流光，吃起來的口感變柴。

‖ 番茄燉菜與最後盤式

11　鍋中放入適量的油燒熱，放入蒜頭、洋蔥爆香，再加入黃、綠櫛瓜丁一起炒軟。

12　再入牛番茄丁、百里香及少許的雞高湯一起燉煮約15分鐘即為燉菜，用湯匙挖成橄欖型，放入切塊的牛小排、黑橄欖及炸紅蔥頭、裝飾蔬菜後淋上蔥油，牛骨肉汁即完成。

慢燉澳洲牛腱
玉米碎糊
佐花椒肉汁

材料

慢燉澳洲牛腱

澳洲牛腱…1 公斤
鹽巴…40 公克
黑胡椒…10 公克 _ 切碎
紅酒…20cc
洋蔥…150 公克 _ 切塊
西芹…75 公克 _ 切塊
紅蘿蔔…75 公克 _ 去皮、切塊
蒜頭…2 顆 _ 壓扁
百里香…適量
月桂葉…2 片
黑胡椒…適量
白酒醋…50cc
牛骨高湯（詳見 p.20）…4 公升

玉米碎糊

玉米碎…50 公克
鮮奶…300 公克
鹽…適量

醃漬無花果

乾燥無花果…5 顆 _ 泡水隔夜
蜂蜜…75 公克
水…50cc
白酒醋…50cc
事前準備：蜂蜜、水、白酒醋
煮滾冷卻，將已泡隔夜的無花
果加入，並醃至隔夜

花椒肉汁

牛骨肉汁（詳見 p.33）
…150 公克
花椒粒…3 公克
奶油…10 公克

裝飾

豌豆苗
青蔥…50 公克 _ 洗淨、擦乾
水分切段
沙拉油…40 公克
事前準備：將青蔥、沙拉油
打勻，以低溫 120℃加熱 15
分鐘，冷卻過濾即為蔥油。

Chef tips

煎牛肉時建議以鐵鍋來
進行，作法是用大火先
把鐵鍋燒熱，當牛排一
下鍋，馬上就能出現誘
人的焦糖色澤，是煎牛
排時最佳的鍋子。

作法

I 慢燉澳洲牛腱

1   牛腱以鹽巴、黑胡椒碎、紅酒拌均勻真空醃漬 24 小時,清洗乾淨後吸乾水分,放入燒熱的鐵鍋中煎製,其間不時的以鍋鏟壓平,讓受熱更均勻。

2   以中火加熱,直到聞到肉香味前都不要去翻動,期間以鑷子略微翻開,直至把一面煎至焦糖色,翻面後同樣煎到呈現焦糖色澤。

3   進行煎製時,除了兩面之外,還要翻動一下把表面都煎到呈現焦糖色。過程中不只要觀察牛肉顏色,也要注意釋放出來的香氣是否濃郁,以及滋滋作響的聲音是否變小,作為調整火力的基準。

4   要把每一面都仔細的煎出焦糖色,且透過去除水分這個步驟,來達到增強香氣,把肉汁好好鎖住肉裡面,燉煮時更加美味。

5   在燉鍋中加入沙拉油炒香蒜頭、洋蔥、西芹、紅蘿蔔塊,加入黑胡椒、月桂葉、百里香以及白酒醋拌炒一下。

6   先放入煎製完成的牛腱,再加入牛骨高湯,以大火煮滾,改成小火燉煮大約 2 小時。

7   燉煮肉品很常犯的錯就是過程中因水量不足加入冷水,如此會讓肉質收縮變硬,加入熱水就沒有這層疑慮。

8   完成燉煮後,撈起冷卻,切成 1.5 公分片狀,再放回鍋中。

9   將切完的肉片放回湯鍋中,可以讓肉片完整吸收湯汁,吃起來更加美味。

II 玉米碎糊與最後盤式

10   玉米碎及鮮奶混合後,以小火煮至濃稠,並確認玉米碎已經煮熟,加入鹽巴調味,並放入模子當中,冷卻定型。

11   切成 5×3 公分的長方形,並在平底鍋中加入奶油,放入玉米塊小火煎至金黃,取出。花椒粒炒香後,加入牛骨肉汁,再加入奶油煮融即為花椒肉汁。

12   盤中放上玉米碎糊,旁邊放入醃漬好切成塊的無花果,放上燉好的牛腱,最後淋上醬汁,再放上裝飾蔬菜後淋上蔥油即完成。

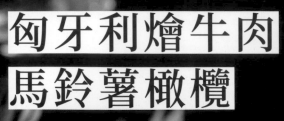

匈牙利燴牛肉
馬鈴薯橄欖

Chef tips

煎牛肉時建議以鐵鍋來進行，作法是用大火先把鐵鍋燒熱，當牛排一下鍋，馬上就能出現誘人的焦糖色澤，是煎牛排時最佳的鍋子。

材料

匈牙利燴牛肉

牛肋條…250公克_切3公分段狀
黑胡椒…適量_切碎
鹽巴…適量
洋蔥…60公克_切小塊滾刀
西芹…45公克_切小塊滾刀
蒜頭…15公克_壓扁
番茄糊…20公克
紅酒…100毫升
牛骨高湯（詳見p.20）…3公升
巴西里…5公克_切碎
百里香…適量
月桂葉…2片
匈牙利紅椒粉…3公克

馬鈴薯橄欖

迷你紅蘿蔔…45公克
馬鈴薯…1顆

裝飾

石竹
三色堇
山葵

作法

| 匈牙利燴牛肉

<u>1</u>　牛肋條先切成3公分的段狀，再加入鹽巴以及黑胡椒碎。

<u>2</u>　一起抓拌均勻。如果買到的牛肉味道較重，可以泡入味水（見 p.23）30分鐘到1小時，就能降低牛肉的氣味。

<u>3</u>　鍋中放入少許的油，放入牛肋條，以中火加熱，直到聞到肉香味前都不要去翻動，以鑷子略微翻開，先把一面煎至金黃，翻面後以同樣方式煎至金黃。

<u>4</u>　要把每一面都仔細的煎至上色，且透過去除水分這個步驟，也能達到增強香氣，把美味好好濃縮的目的後取出。

<u>5</u>　先將馬鈴薯去皮與其中2支迷你紅蘿蔔均以小刀修出橄欖狀備用。

<u>6</u>　在燉鍋中加入沙拉油炒香蒜頭、洋蔥、西芹、紅蘿蔔、百里香炒香後，加入番茄糊小火炒香。

<u>7</u>　嗆入紅酒，再一起攪拌均勻。

<u>8</u>　接著把牛骨高湯倒入。

<u>9</u>　加入煎好的牛肋條，先以大火
　　煮滾改成以小火燉煮2小時

<u>10</u>　起鍋前10分鐘加入馬鈴薯橄
　　欖、迷你紅蘿蔔一起燉煮即可

<u>11</u>　最後加入匈牙利紅椒粉拌勻。

<u>12</u>　將燉好的牛肋條、橄欖形的馬
　　鈴薯及迷你紅蘿蔔一起盛入盤
　　中，再淋入適量的燉汁，放上
　　裝飾蔬菜即完成。

慢燉澳洲牛舌
馬鈴薯脆片
佐紅酒肉汁

材料

慢燉澳洲牛舌

澳洲牛舌…1公斤 _ 切3公分段狀
鹽…20公克
黑胡椒…10公克 _ 切碎
蒜頭…2顆 _ 壓扁
洋蔥…150公克 _ 切滾刀
西芹…75公克 _ 去皮切段
紅蘿蔔…75公克 _ 去皮、切滾刀
黑胡椒粒…適量
百里香…適量
月桂葉…適量
牛骨高湯（詳見p.20）…5公升

馬鈴薯脆片

馬鈴薯…1/2顆 _ 去皮

紅酒肉汁

紅酒…40cc.
奶油…15公克
牛骨肉汁（詳見p.33）…60公克

裝飾

金蓮花葉
夏菫
玉米苗
豌豆苗

Chef tips

如果買到的牛舌味道較重，可以泡入味水（詳見 p.23）30分鐘到1小時，就能降低氣味。

作法

| 慢燉澳洲牛舌

1 澳洲牛舌洗淨後，將水分擦乾，加入鹽及黑胡椒碎一起攪拌均勻。

2 放入真空袋後再放入冰箱，醃漬至少12小時，取出，把表面的鹽巴及黑胡椒洗淨，並且把水分擦乾。

3 深鍋中，倒入1大匙的橄欖油，放入蒜頭炒香，再依序加入洋蔥、西洋芹、紅蘿蔔、百里香、黑胡椒粒、月桂葉炒香。

4 加入醃漬好的牛舌，接著加入牛骨高湯蓋過全部的食材。

5 先以大火煮滾，改成小火慢煮約2個小時後，取出牛舌，並去皮、切塊。

6 煎牛舌時建議以烙烤鍋來進行，作法是用大火先把烙烤鍋燒熱，當牛舌一下鍋，馬上就能烙烤出現誘人的焦糖色澤。

<u>7</u> 直到聞到肉香味前都不要去翻動，期間以鑷子略翻直至把一面煎至焦糖色澤，翻面後以同樣方式烙烤。

<u>8</u> 過程中，可以稍微改變一下方向，讓表面煎出漂亮的格紋狀。進行時不只要觀察牛舌顏色，也要注意釋放出來的香氣及滋滋作響的聲音是否變小，即可取出。

II 馬鈴薯脆片與紅酒肉汁

<u>9</u> 去好皮的馬鈴薯，刨成約0.1公分的薄片，再使用直徑3公分圓切模，一一壓成圓片。

<u>10</u> 將壓好的馬鈴薯片鋪在烘培紙上，放入已預熱的烤箱中，以90℃低溫烘烤2-3小時後取出備用。

<u>11</u> 紅酒先煮至剩1/3的量，將奶油與牛骨肉汁一起煮至剩1/3的量，再將奶油牛骨肉汁沖入紅酒中，一起攪拌均勻即為紅酒肉汁。

<u>12</u> 先將牛舌放入盤中，上面排入馬鈴薯脆片與金蓮花葉，放上裝飾菜，最後淋入紅酒肉汁即完成。

香烤酥皮牛肉派
佐蘑菇醬汁

Chef tips

煎牛肉時建議以鐵鍋來進行，作法是用大火先把鐵鍋燒熱，當牛排一下鍋，馬上就能出現誘人的焦糖色澤，是煎牛排時最佳的鍋子。

材料

香烤酥皮牛肉派

牛臉頰 500 公克
味水（詳見 p.23）…1 公升
洋蔥…80 公克 _ 去皮、切滾刀
西洋芹…40 公克 _ 去皮、切段
紅蘿蔔…40 公克 _ 去皮、切滾刀
洋蔥…100 公克 _ 去皮、切 1 公分小丁
紅蘿蔔…70 公克 _ 去皮、切 1 公分小丁
西洋芹…70 公克 _ 去老筋、切 1 公分小丁
百里香…2g
月桂葉…2g
黑胡椒粒…3g
立基酥皮…3 片
蒜頭…2 顆 _ 壓扁
牛骨肉汁（詳見 p.33）…150 公克
蘑菇…2 顆 _ 切 1 公分小丁

牛骨高湯（詳見 p.20）…4 公升
蘋果…1 顆 _ 削皮去籽、切薄片，加入適量奶油真空
紅酒…120g

蘑菇醬汁

蘑菇…5 顆 _3 顆切 1 公分小丁、2 顆切碎

裝飾

豌豆苗
紅酸模苗
紅色萵苣
石竹

作法

I 香烤酥皮牛肉派

1 牛臉頰洗淨後，泡入味水中4小時，取出，吸乾水分，放入平底鍋以大火煎至每一面都出現誘人的焦糖色澤。

2 深鍋中，放入洋蔥、西芹、紅蘿蔔滾刀塊，再加入大蒜、百里香、月桂葉、黑胡椒粒，放入煎好的牛臉頰肉，最後加入牛骨高湯蓋過食材。以大火煮滾，改中小火燉煮1.5小時。

3 將牛臉頰肉夾起，等冷卻後，先切成片狀，再切碎成小丁狀。

4 鍋中倒入1大匙橄欖油燒熱，放入洋菇丁、洋蔥丁、西洋芹丁、紅蘿蔔丁，炒至香味逸出，再放入牛臉頰丁及牛骨肉汁拌炒均勻，餡料即完成，待涼。

5 如果想要快速降溫，可以將炒好的肉餡盆，以隔水降溫的方式，將其泡入冰水中，可以一邊攪拌，加速降溫。

6 取出一片酥皮，將餡料放在酥皮中間，並在餡料周圍塗上一層蛋液，再取另一片酥皮蓋上。

7 沿著餡料的四周，以叉子一一壓實。

8 再取一片酥皮，以酥皮拉網刀切成網狀。或者可以用小刀劃1公分間隔0.5交錯成網狀。

9 將網狀酥皮蓋在步驟7上，並在上方均勻的塗上蛋黃液。蛋黃刷在網狀酥皮上要冷凍風乾10分鐘，並重複兩次。

10 最後將多餘網狀酥皮切除，放入已預熱到200℃的烤箱中，以200℃烤15-20分鐘至表面金黃，取出後放入盤中。

II 蘑菇醬汁

11 將蘑菇碎炒香，加入牛骨肉汁，再加入奶油一起攪拌均勻即可。真空好的蘋果片以滾水隔水加熱煮至軟化，取出後用均質機打細過濾即為蘋果泥。

III 盛盤

12 蘋果泥用湯匙挖成橄欖形，將牛肉派對半切開，最後淋上蘑菇醬汁，放上裝飾蔬菜即完成。

PART2

最日常的餐桌良伴！
豬肉料理

挑選美味豬肉的 3 大基準

1. 色澤

豬肉的色澤比起牛肉來說，顏色比較淡，在肉攤
上購買時，瘦肉部位應以淡粉紅色，且具有光澤
為佳。如果呈現的是深紅色，甚至為暗紅色，那
麼表示與空氣接觸時間過長，也就是放置的間過
久，表示越不新鮮。另外，如果肉色偏白、沒有
彈性、表面滲出水來，都代表了不新鮮，要避免
選購。

2. 緊實度

豬肉共有五個主要的食用部位，包括前腿肩肉、
腿肉、腹肉、里肌肉及頸尾肉，不同部位的
肌肉的緊實度不太一樣，所以每一種在烹調
過後都有獨特的口感，其中以里肌肉因不含
筋腱所以肉質最嫩。也因為豬肉紋理比牛肉
粗，尤其，運動量較大的部位，它的紋理就
顯得更為粗糙。

3. 油花分布

雖然大理石油花大多出現在牛肉上，但
其實豬肉也有，比如在豬頸這個部
位。由於肌肉和脂肪層的紋理分布得
非常細密均勻，脂肪顏色白且結實，
呈現出漂亮的大理石油花，又被
稱為「松阪肉」。重要的是，它
的肉質很嫩，又極富香氣。

瘦肉部位應以淡粉紅色，且具
有光澤為佳。

有緊實度的肉，在質地上也會
較為濕潤，摸起來有彈性，油
花分布均勻。

可以拿起聞一聞，若有腥
臭味，就表示不新鮮。

讓豬肉變好吃的事前處理

去除血水雜質、前置處理時的切割方式、以及讓肉質變嫩的事前醃漬等等，
事前的仔細處理步驟必不可少，
如果每一步都能確實做到位，
想要端出能散發出香氣，以及入口的味道都能讓人回味再三的料理，
就變得簡單許多。

要做出好吃的豬肉料理，肉的新鮮與否絕對是關鍵。但除了新鮮，肉的味道也關乎料理的成敗，所以，買回來的肉，一定要經過一些事前處理，包括「去除血水與雜質」、「注意肉的切法」，以及「進行事先醃漬」等等，讓做出來的肉料理，美味又吮指！

去除血水與雜質

判斷這道料理是否美味，從食物所散發出來的氣味，往往成為重要依據。想要能夠讓人感到食欲大增，利用能夠去除血水與雜質的方式，來達到去除肉腥味的作法，必須確實做到。

當然，作法上有許多選擇，有些人會用跑活水的方式，有些會用汆燙，但其實最有效的方式，是以「味水浸泡」，最能去除血水與肉中雜質。

對肉片進行敲打
是不可少的步驟

豬肉在烹調之前先用鬆肉器反覆敲打，可以破壞肉塊的肌纖維，進而切斷肉塊周圍的結締組織，達到斷筋的效果，在進行烹調時，受熱能夠更均勻，而最終達到嫩化肉質的目的。

不過，雖然敲打肉片可以提高肉質的整體風味，但是不要因為這樣而敲打過度，破壞了肉片的完整性，就會適得其反。

事先進行醃漬
更能強化整體風味

如果能在烹調之前，事先對肉類進行醃漬，除了能讓整體風味更好之外，透過醃漬的材料，例如：香草、辛香料、糖、醋、油脂等等不同的成分，對肉類所含的蛋白質進行事先的分解，就能夠讓肉質入口時更為軟嫩。

浸泡味水
去除肉腥味肉質更軟嫩

比起汆燙或是以大量的清水沖刷，利用味水的薄鹽水浸泡法，除了能解凍、提升保汁性外，

最重要就是能去除血水，來達到軟嫩肉質的目的。只要將冷水、大蒜、月桂葉、百里香、黑胡椒、鹽及糖混合好，再放入豬肉浸泡1小時即可。

用鬆肉器敲打
烹調時受熱能更均勻

豬肉在烹調之前先用鬆肉器反覆敲打，可以破壞肉塊的肌纖維，進而切斷肉塊周圍的結締組織，達到斷筋的效果，在進行烹調時，受熱能夠更均勻，而最終達到嫩化肉質，讓入口風味更好。

事先醃漬
更能強化整體風味

透過醃漬的材料，例如：香草、辛香料、糖、醋、油脂等等不同的成分，對肉類所含的蛋白質進行事先的分解，就能夠讓肉質入口時更為軟嫩。所以在烹調之前，事先對肉類進行醃漬，就能讓整體風味更好。

伊比利豬排
酒漬櫻桃
佐豬骨肉汁

材料

伊比利豬排

伊比利帶骨豬里肌（150公克）…1塊
鹽…適量
黑胡椒…適量 _ 切碎

酒漬櫻桃佐豬骨肉汁

水 10cc
糖 30公克
白酒 10cc
櫻桃…5顆 _ 對半去籽
豬骨肉汁…100公克
奶油

裝飾

酸黃瓜…1根 _ 切小滾刀塊
石竹
豌豆苗

Chef tips

豬骨肉汁

材料

豬骨1.5公斤、洋蔥塊150公克、西芹塊75公克、紅蘿蔔塊75公克、豬高湯4公升、番茄糊75公克、月桂葉1片、百里香2公克、胡椒粒2公克、紅酒600cc

作法

1. 烤箱預熱到200℃，以200℃將豬骨烤至金黃；洋蔥、西芹、紅蘿蔔炒至微焦加入番茄糊小火慢炒、再加入豬骨頭炒勻，倒入豬高湯小火熬煮6小時，並隨時撈起表面浮油及浮渣。

2. 紅酒煮到濃縮至1/2後加入作法1中，煮完過濾隔冰冷卻。

作法

I 伊比利豬排

1   在豬里肌肉表面撒上鹽、胡椒粉調味後,輕壓表面,讓調味更加入味;預先把條紋煎烤鍋燒熱。

2   燒熱的條紋煎烤鍋中,先刷上適量的橄欖油,以中火加熱,放入豬里肌肉,直到聞到肉香味前都不要去翻動,期間以鑷子略微夾起。

3   直到把一面煎至焦糖色,再進行翻面。

4   另一面的煎法相同,直到聞到肉香味前都不要去翻動,而是用鑷子略微夾起。

5   在煎烤的過中,除了要煎出美麗的色澤,還要香氣四逸,肉吃起來還要軟嫩多汁的狀態。

6   在加熱過程中,當肉汁滲出時會變成附著物黏在鍋底,所以要時刻觀察,並適時的調整火力。

7   將豬里肌兩面都煎至金黃色後,取出,並放進已預熱至200℃的烤箱中,以200℃用上下火烤6分鐘後,取出靜置。

II 酒漬櫻桃佐豬骨肉汁

8   鍋中放入糖、水,用小火將糖煮融,煮成焦糖。

9   接著放入櫻桃。

10   嗆入白酒,讓湯汁收稠。

11   直到完全收汁後取出。倒入豬骨肉汁煮滾,加入奶油煮至融化,即可熄火。

12   將伊比利豬排擺入盤中,放上醃漬櫻桃、酸黃瓜,再擺上豌豆苗、石竹,最後淋上醬汁即完成。

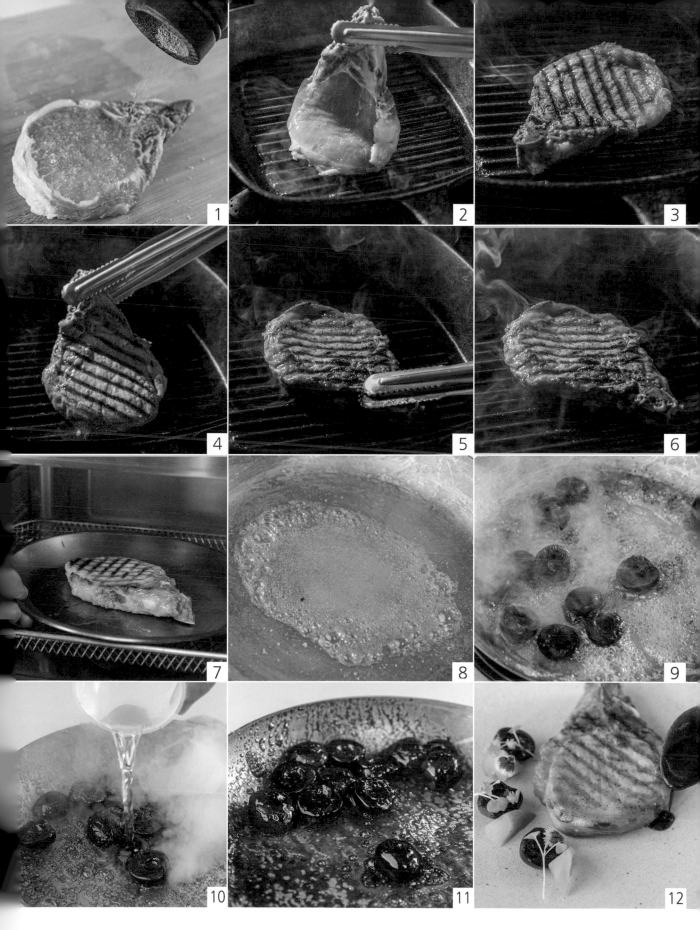

BBQ 烤豬肋排
醃漬蒔蔬

材料

BBQ 烤豬肋排

豬肋排…200 公克
二砂…15 公克
煙燻紅椒粉…3 公克
香蒜粉…4 公克
黑胡椒粉…1 公克
鹽…2 公克
番茄醬…40 公克
伍斯特醬…11 公克
黃芥末醬…6 公克
香吉士汁…26cc
葡萄醋…12 公克
辣椒水…1 公克
威士忌…3 公克

裝飾

紅牛血菜苗
紅酸模
豌豆苗
紅皺葉萵苣
羽衣綠芥

醃漬蒔蔬

青花菜、白花菜各 1 朵
事前準備：汆燙後泡入糖 75 公克 +
白酒醋 50 公克 + 水 50 公克（皆另
外準備的材料）浸泡到隔夜

Chef tips

一般家庭也所使用的烤箱，只要具備調整上下火的功能，大小至少比微波爐大即可，但因每台烤箱的狀況都不太一樣，因此在烘烤肋排時必須時不時的觀察一下，做好顧爐的動作，非常必要。

作法

BBQ 烤豬肋排

<u>1</u>　將二砂、煙燻紅椒粉、香蒜粉、黑胡椒粉、鹽拌勻後，很平均的撒在豬肋排上，並且放入冰箱冷藏醃漬 4 小時以上。

<u>2</u>　可以看到醃漬好的豬肋排，完全入味。

<u>3</u>　將番茄醬、伍斯特醬、黃芥末醬、香吉士汁、葡萄醋及辣椒水一起攪拌均勻混合以中小火煮滾 10 分鐘，待冷卻後拌入威士忌即可均勻抹在豬肋排上。

<u>4</u>　將烤箱預熱至 160℃，放入豬肋排，烘烤大約 1.5 小時。

<u>5</u>　期間需確認豬肋排軟硬度，取出後兩面刷上 BBQ 醬汁，8 分鐘刷一次，最後一次再進行翻烤背面。

<u>6</u>　將所有食材排入盤中，最後放入裝飾蔬菜即完成。

起司烤豬肉蒔蔬捲
奶油鳳梨
佐巴薩米克肉汁

Chef tips

1. 如果家裡沒有舒肥棒，可以取一鍋水煮滾後改成小火，用溫度計測溫，等到水溫降到80℃時，將豬肉捲放入，調整好火力，並將溫度保持好來進行。

2. **奶油白醬**

   材料：奶油、麵粉各20公克、牛奶200cc、鹽適量、月桂葉、百里香各2公克、黑胡椒1公克

   作法：取一個厚底鍋，加入奶油融化後，倒入麵粉炒成奶油麵糊。牛奶倒入另一手鍋加熱，緩緩地注入油糊中，並攪拌均勻。把月桂葉、百里香、黑胡椒製作成香料包，並且放入高湯中，以小火慢煮15分鐘，並不時攪拌，最後用細目篩網過濾醬汁，冷卻放入冰箱保存。

材料

起司烤豬肉蒔蔬捲

豬小里肌（120公克）…1塊
橄欖油…15cc
鹽…適量
胡椒…適量
起司粉…5公克
起司絲…15公克
莫扎瑞拉起司…30公克
帕瑪森起司粉…30公克
奶油…15公克
鳳梨…40公克_切成1.5公分厚片狀

巴薩米克肉汁

巴薩米克醋…30cc

豬骨肉汁（詳見 p.67）…100公克
洋菇…30公克_切成0.3公分小丁
洋蔥…20公克_切成0.3公分小丁
西芹…20公克_切成0.3公分小丁
紅蘿蔔…20公克_去皮，切成0.3公分小丁

奶油白醬

奶油…20公克
高筋麵粉…20公克
牛奶…200cc

裝飾

紅酸模
羽衣綠芥

作法

｜起司烤豬肉蒔蔬捲

<u>1</u>　豬小里肌對切一半，修掉多餘的油脂，斷筋後，其中一片放入塑膠袋中；另外一片切成細肉絲。

<u>2</u>　用肉槌均勻的拍扁，拍的時候要拿捏好力道，以免太過用力把肉片拍破。

<u>3</u>　鍋中放入適量的橄欖油，放入洋菇、洋蔥爆香後加入西芹、紅蘿蔔炒香，再加入奶油白醬一起拌勻調味，取出，再放入碗中。

<u>4</u>　加入細肉絲，一起攪拌均勻後做成內餡。

<u>5</u>　砧板上先鋪上一層耐熱保鮮膜，再鋪入豬小里肌肉片撒上鹽及胡椒，在最靠近身體的一側放入內餡。

<u>6</u>　抓緊耐熱保鮮膜將肉片捲起。

7 　直到耐熱保鮮膜緊緊的包覆
　　住，將收口扭緊。

8 　另一邊的收口同樣扭緊。

9 　外層再以鋁箔紙包捲，包捲
　　時，要從靠近身體這一側開始
　　捲起。

10 　捲到底後，將兩邊的鋁箔紙包
　　 捲好。邊包覆，可以邊調整左
　　 右兩側的鋁箔紙，就能捲得更
　　 緊實一點。

11 　包好的豬肉捲，放入水溫80℃
　　 煮12分鐘，即可取出，去除鋁
　　 箔紙。

12 　莫扎瑞拉起司放入真空袋，再
　　 放入滾水中隔水加熱至融化，
　　 取出後用擀麵棍擀成0.2公分
　　 的薄片。

13　將豬肉捲取出，拆開保鮮膜並將湯汁吸乾，捲上擀平的莫扎瑞拉起司。

14　再表面撒上適量的帕瑪森起司粉，放入已預熱的烤箱中，以200℃，烘烤3分鐘，直至表面呈現漂亮金黃，即可取出。

II 奶油鳳梨佐巴薩米克肉汁

15　將烤好的起司烤豬肉蒔蔬捲先切除頭尾，再均切成三段。

16　鍋中放入奶油，以小火融化，再放入鳳梨塊煎至每一面都呈現漂亮金黃，取出。將豬骨肉汁及巴薩米克醋一起煮滾後即為巴薩米克肉汁。

17　將煎好的鳳梨塊排入盤中。

18　繼續排入起司烤豬肉蒔蔬捲，再淋上巴薩米克肉汁，最後放入裝飾蔬菜即完成。

番茄燉豬梅花

材料

梅花豬…1公斤 _ 切成 1.5 公分大丁
紅蔥頭…30g _ 對碎
乾辣椒…2 根 _ 對切一半
百里香…5 支
白酒…100cc
罐頭番茄…200 公克
西班牙臘腸…100 公克 _ 切斜段
豬骨高湯（詳見 p.20）…2500cc

風乾油漬番茄…60 公克
小番茄…60 公克
黑橄欖…30 個
馬鈴薯 3 個 _ 去皮、切滾刀塊
巴西里適量 _ 切碎

Chef tips

豬梅花肉整體來說味道是濃郁的，也是瘦肉與脂肪比例非常均勻的部位。而脂肪與瘦肉之間有筋。經過烹調後，也最能展現出美味的部位。除了燉煮，豬梅花也適合做成叉燒肉，或者當成火鍋肉片，都很美味。

作法

<u>1</u>　鍋中倒入適量的橄欖油燒熱，放入梅花豬肉塊，以中大火煎至上色，加入切碎的紅蔥頭末、乾辣椒段、百里香拌炒。

<u>2</u>　加入白酒、罐頭番茄後，再次翻炒均勻。

<u>3</u>　炒至香味逸出，加入臘腸。

<u>4</u>　再倒入豬骨高湯，先以大火煮滾後，加蓋，改小火燉煮至軟。

<u>5</u>　起鍋前10分鐘，加入馬鈴薯塊及其他材料一起煮至馬鈴薯熟透即可。

<u>6</u>　最後加入巴西里末即可熄火。

酥炸起司豬排
炸馬鈴薯
佐伍斯特肉汁

Chef tips

沾裹麵粉、蛋液及麵包粉後油炸，能讓豬大里肌更穩定的受熱，且因為被完整的包覆，所以能讓水分不被蒸發，吃起來的口感更加軟嫩多汁。

材料

｜酥炸起司豬排

豬大里肌…1塊 (150公克)
鹽…適量
胡椒粉…適量
起司絲…45公克
莫扎瑞拉起司片…40公克
火腿片…35公克

｜｜炸馬鈴薯圓柱佐伍斯特肉汁

馬鈴薯…1顆 _ 去皮、蒸熟，篩成泥
培根…1片 _ 切末
鹽、胡椒粉…各適量
洋蔥…15公克 _ 切末
全蛋…50公克
高筋麵粉…50公克

麵包粉…50公克
伍斯特醬…10公克
豬骨肉汁…50公克（詳見 p.67）
奶油…50公克
小番茄…3顆 _ 汆燙去皮
事前準備：以適量的橄欖油、蒜片、百里香、檸檬汁、鹽醃漬（材料詳見 p.219，作法詳見 p.223）

裝飾

甜菠菜
羽衣綠芥
玉米苗

作法

Ⅰ 酥炸起司豬排

1 豬大里肌修掉多餘的油脂，斷筋後，放入塑膠袋中用肉槌均勻的拍扁，拍的時候要拿捏好力道，以免把肉片拍破，用鹽、胡椒粉調味。

2 肉片上鋪上起司絲，放上莫扎瑞拉起司片及火腿片再鋪上一層起司絲。

3 將豬肉片對折，並使用刀背施壓，讓肉的三個邊緣深深黏著。

4 可以稍微靜置一下。

5 依序裹上高筋麵粉、蛋液及麵包粉。將炸油加熱到180℃，如果沒有測溫計，可以拿一片洋蔥測試，當洋蔥放入時，會冒出許多小氣泡，代表溫度已經到達。

6 將豬排放入，油炸3分鐘，取出靜置2分鐘。

7 再將油溫升至200℃，再次放入豬排，油炸2分鐘，即可取出。

Ⅱ 炸馬鈴薯圓柱佐伍斯特肉汁

8 鍋中放入洋蔥末及培根末炒香，拌入馬鈴薯泥中再加入高筋麵粉及蛋黃，用鹽及胡椒粉調味。

9 取出20公克的馬鈴薯泥，搓成圓柱狀，再依序裹上高筋麵粉、全蛋液、麵包粉。

10 放入油炸鍋中，以180℃油炸3分鐘，取出，瀝乾油分。

11 豬骨肉汁煮滾後加入伍斯特醬及奶油一起煮融拌勻，即為伍斯特肉汁。

12 所有材料排入盤中，淋入醬汁，放上裝飾蔬菜即完成。

培根豬肉捲
閃電泡芙
佐芒果醬汁

材料

培根豬肉捲

蘋果…1 顆 _ 去皮、切丁
奶油…30 公克
糖…50 公克
豬里肌…200 公克 _ 切 2 公分薄片
鹽、黑胡椒碎…適量
培根…10 片

閃電泡芙內餡

蘑菇…50 公克
洋蔥…10 公克 _ 切碎
大蒜…5 公克 _ 切碎
紅蘿蔔…30 公克 _ 去皮、切小丁
黃櫛瓜…30 公克 _ 切小丁

綠櫛瓜…30 公克 _ 切小丁
鮮奶油…60 公克
帕瑪森起司…20 公克
黑胡椒…5 公克
海鹽…5 公克

閃電泡芙

牛奶…125 公克
奶油…40 公克
糖…5 公克
鹽…適量
低筋麵粉…63 公克
全蛋…2 顆

芒果醬汁

芒果…40 公克
檸檬汁…10cc
水…5cc

裝飾

紅牛血菜苗
豌豆苗

Chef tips

如果家裡沒有舒肥棒，可以取一鍋水煮滾後改成小火，用溫度計測溫，等到水溫降到 80℃時，將豬肉捲放入，調整好火力，同時必須將溫度保持好。

作法

｜培根豬肉捲

1　蘋果丁瀝乾水分，放入鍋中加入奶油、糖以中小火炒至焦糖色，熄火，盛出後備用。

2　豬小里肌修掉多餘的油脂，斷筋後，用肉槌均勻的拍扁，拍的時候要拿捏好力道，以免把肉片拍破，並用鹽、黑胡椒碎調味。

3　砧板上先鋪上一層耐熱保鮮膜，再鋪入豬小里肌肉片，在最靠近身體的一側放入焦糖蘋果，捲起。

4　耐熱保鮮膜鋪在底層，將培根一一鋪平，把豬肉捲放置中間，再連同保鮮膜一起捲起塑形。

5　抓緊耐熱保鮮膜將肉片捲起，直到耐熱保鮮膜緊緊的包覆住，兩邊的收口扭緊。

6　外層再以鋁箔紙包捲，包捲時，要從靠近身體這一側開始捲起，捲得緊實一點，放入水溫80℃煮18分鐘，即可取出，去除鋁箔紙。

<u>7</u>　去除保鮮膜後擦乾水分，放入
　　平底鍋中，以少許的橄欖油煎
　　至上色，取出，切成四等分。

<u>8</u>　平底鍋下沙拉油加入大蒜、洋
　　菇、紅蘿蔔、黃綠櫛瓜、洋蔥
　　炒香，加入鮮奶油及起司縮至
　　濃稠以黑胡椒及海鹽調味做成
　　內餡。

<u>9</u>　將牛奶、奶油、鹽、糖煮滾加
　　入低筋麵粉炒勻，待降溫到
　　60℃分次加入全蛋拌勻，放入
　　擠花袋中擠出約 7cm×3cm 的
　　大小。

<u>10</u>　移入已預熱烤箱，以200℃烤
　　15分鐘，改150℃烤20分鐘，
　　取出。將泡芙對半切開，放入
　　適量的內餡，其他泡芙也依序
　　完成，排入盤中。

<u>11</u>　將芒果切塊，放入食物料理機
　　中打成泥狀，過篩加入檸檬
　　汁、水，加熱後即為芒果醬汁。

<u>12</u>　將培根豬肉捲也排入盤中，放
　　上裝飾蔬菜，淋上醬汁即完成。

酥炸德國豬腳
醃漬酸菜
佐法式芥末醬

Chef tips

當油溫到達180℃時,是比較適合油炸的溫度,判斷的方式,如果沒有測溫計,就是將一片洋蔥放入,會立刻冒出許多的小氣泡來判斷。

材料

酥炸德國豬腳

洋蔥…50公克 _20公克切塊;30公克切絲
西芹…50公克 _ 切塊
紅蘿蔔…50公克 _ 去皮、切塊
月桂葉…2 片
百里香…適量
黑胡椒粒…5 克
鹽…適量
胡椒…適量
煙燻德式豬腳(1公斤)…1隻 _ 去除多餘
油脂,沿著骨頭劃刀
豬骨高湯…2000cc(詳見 p.20)
酥炸粉…100公克
水…80cc

醃漬酸菜

橄欖油…適量
培根…1 片 _ 切絲
高麗菜…120公克 _ 切絲
洋蔥…100公克 _ 切絲
杜松子…適量
白酒醋…150公克
酸豆…5 粒 _ 炸脆

裝飾

甜菠菜
迷你紅蘿蔔
市售番茄醬
市售法式芥末醬

作法

｜酥炸德國豬腳

1　深鍋中倒入適量的橄欖油，放入洋蔥塊炒香，加入西芹、紅蘿蔔、月桂葉、百里香一起拌炒均勻。

2　再加入黑胡椒粒、胡椒、鹽，再次拌炒均勻。

3　放入豬腳後再倒入豬骨高湯，蓋過食材。

4　先以大火煮滾，再改成中小火，燉煮 1.5 小時，將豬腳撈起後冷卻，去除骨頭後切對半。

5　將酥炸粉及水混合均勻後，放入豬腳肉，讓豬腳肉完整的裹上一層漿粉。

6　放入炸鍋後，以油溫 220℃炸 5 分鐘。

7　必須隨時觀察豬腳肉的上色情況，直到將其表皮炸出呈現漂亮的金黃色為止。

8　炸得剛剛好的豬腳，會呈現出好吃的酥脆感，取出，並且將油分瀝乾。

｜醃漬酸菜

9　鍋中倒入適量的橄欖油燒熱，爆香培根炒香後，再繼續加入洋蔥絲一起拌炒，接著加入高麗菜絲及適量杜松子炒軟。

10　倒入白酒醋一起煮至收汁，加入炸脆的酸豆即完成。

11　將豬腳放置在盤上，再放上酸菜、裝飾蔬菜，擠上市售番茄醬及法式芥末醬即完成。

香烤豬肉派
雙色千層洋芋
佐藍莓醬汁

材料

香烤豬肉派

橄欖油…適量
洋蔥…10 公克 _ 切碎
大蒜…5 公克 _ 切碎
蘑菇…2 顆 _ 切丁
乾蔥…5 公克 _ 切碎
培根…1 片 _ 切絲
開心果…15 公克 _ 切碎
百里香…2 公克
羅勒…10 公克 _ 切絲
鹽…2 公克
胡椒…1 公克

豬絞肉…200 公克
蛋白…5 公克
低筋麵粉…125 公克
奶油…62 公克
全蛋…28 公克

雙色千層洋芋佐藍莓醬汁

馬鈴薯…1 顆
紅蘿蔔…25 公克
蛋黃…1 顆
鮮奶油…100 公克
荳蔻粉…1 公克
鹽…3 公克

胡椒…2 公克
起司粉…3 公克
蒜碎…3 公克
新鮮藍莓…50 公克
奶油…50 公克
蘭姆酒…20cc
豬骨肉汁（詳見 p.67）

裝飾

夏堇
豌豆苗

Chef tips

一般家庭所使用的烤箱，只要具備調整上下火的功能，大小至少比微波爐大即可，但因每台烤箱的狀況都不太一樣，因此在進行烘烤時必須時不時的觀察一下，做好顧爐的動作，非常必要。

作法

| 香烤豬肉派

<u>1</u>　鍋中放入適量的橄欖油，炒香洋蔥、大蒜、蘑菇、乾蔥、培根、開心果、羅勒絲，並以鹽、胡椒調味。

<u>2</u>　豬絞肉加入蛋白摔打後拌入炒好的料。

<u>3</u>　低筋麵粉、奶油、全蛋揉成團後放置冷藏靜置4小時後覆上烘培紙用擀麵棍擀至0.3公分成派皮。

<u>4</u>　將派皮壓出圓形，放入模具中，派皮要比模具略微大一點，將炒好的料，填入派皮中。

<u>5</u>　在派皮周圍塗上蛋液，用另一片派皮蓋上取出，叉子壓緊周圍，去除多餘派皮，放入冰箱冷凍定形，取出後使用小刀刻出花紋。

<u>6</u>　在派皮上方開一個洞。把鋁箔紙捲成的煙囪，塗上蛋液。

7　放入已預熱烤箱中，以上下火200℃烤25分鐘，直到整體呈現金黃酥脆，即可取出。

8　紅蘿蔔及馬鈴薯削皮，用剉片器剉成薄片後，用直徑3公分的圓壓模壓成圓片。

9　泡入以蛋黃、鮮奶油、荳蔻粉、鹽、胡椒、起司粉、蒜碎調製的醃漬液醃30分鐘，再依序填入圓模中，蓋上鋁箔紙，放入已預熱烤箱中以200℃烤30分鐘，取出脫膜，對切。

10　鍋中放入藍莓及蘭姆酒，將藍莓燉軟爛，再加入豬骨肉汁煮滾。

11　過濾後加入奶油一起攪拌均勻即為藍莓醬汁。

12　將豬肉派擺上盤，旁邊放上馬鈴薯紅蘿蔔千層，最後淋上醬汁即可。

脆皮乳豬、蔬菜白醬
可麗餅福袋佐黑蒜醬汁

Chef tips

如果沒有舒肥棒，可以利用料理用溫度計，當溫度加熱到80℃時，把乳豬肚放入，同時維持這個溫度煮8小時，過程中要時不時的確認溫度變化。

材料

脆皮乳豬

去骨乳豬肚〈去骨豬肋排〉1片

蔬菜白醬可麗餅福袋佐黑蒜醬汁

低筋麵粉…38公克
蛋…1顆
牛奶…80公克
蔥…10公克 _ 切碎
橄欖油…滴量
洋蔥…5公克 _ 切碎
蒜…5公克 _ 切碎
紅蘿蔔…20公克 _ 去皮、切0.3公分小丁，
汆燙至熟
西芹…20公克 _ 切0.3公分小丁
豬里肌…30公克 _ 切0.5公分小丁

鮮奶油…20公克
起司粉…5公克
蒜苗葉…1根 _ 切成長條細絲，汆燙
胡椒…1公克
洋菇…1顆 _ 削成螺旋狀
黑胡椒粗粒…10公克
黑蒜…7個
豬骨高湯（詳見 p.20）
奶油
鹽…1公克

作法

I 脆皮乳豬

1 　將去骨乳豬肚（去骨豬肋排），泡入味水（詳見 p.23）2 小時，取出，並將水分吸乾。

2 　放入蒸空袋，再放入舒肥機中，以80℃舒肥8小時，取出、冷卻。

3 　鍋中放入適量的油，去骨乳豬肚以慢煎方式直至表面金黃，即可取出，切塊盛盤。

II 蔬菜白醬可麗餅福袋佐黑蒜醬汁

4 　將低筋麵粉、蛋、牛奶、蔥末一起放入容器裡攪打均勻，靜置約一個小時，用平底鍋煎成一片片的可麗餅皮，取出、放涼。

5 　鍋中放入適量的橄欖油燒熱，放入蒜頭、洋蔥炒出香味，再加入紅蘿蔔和西芹拌炒，加入豬里肌肉丁炒熟。

6 　加入鮮奶油跟起司粉，煮到有濃稠度後調味做成餡料，取出、放涼備用。

7 　取一張可麗餅皮，在餅皮中間放入炒料，儘量讓炒料集中緊密一些。

8 　將可麗餅包起，並用蒜苗綁起來。

9 　其他的可麗餅福袋也一一完成，排入盤中。

10 　鍋中放入1大匙橄欖油，放入螺旋洋菇，先將一面煎至表面金黃上色。

11 　翻至另一面，同樣的把螺旋洋菇煎至表面金黃上色，即可取出排盤。

12 　鍋中放入黑蒜，再加入豬高湯，將黑蒜煮軟後，使用均質機均質，過篩後加熱加入奶油、黑胡椒粗粒及鹽調味，即為黑蒜醬汁，淋入盤中即完成。

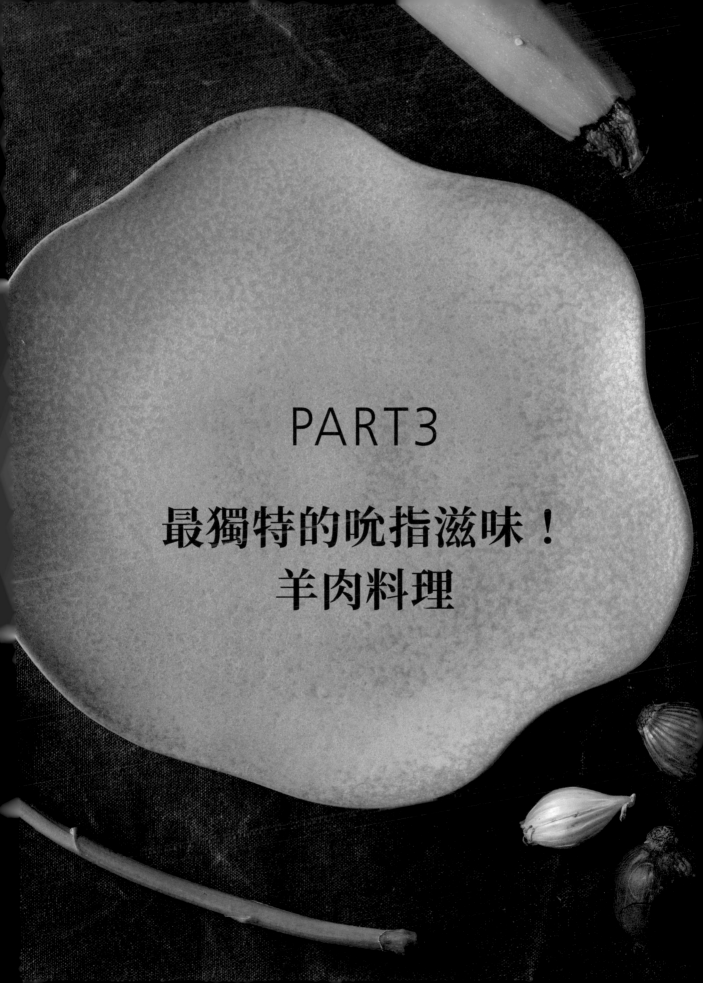

PART3

**最獨特的吮指滋味！
羊肉料理**

挑選美味羊肉的 3 大基準

1. 色澤

挑選羊肉時色澤很重要,要選擇肉色呈現鮮紅色
的比較好,如果呈現暗紅色的話,就要避免選
購。如果是品質好的羊肉,在瘦肉部分應該呈現
漂亮的鮮紅色,且肌肉纖維非常細緻,整體的肉
質是有光澤的,如果瘦肉部分為暗黑或暗褐色,
或者肉色偏白、沒有彈性、表面滲出水來,聞起
來有一股酸敗味,就要避免選購。

2. 緊實度

羊肉有三個最美味的食用部位,包括羊後腿、羊
肋排、羊脊骨等,肉質的緊實度,也會因為不同
部位的肌肉組織不同,而有所差異,但當用手指
按壓時都應具有彈性。有的肉質鮮美,有些鬆軟
細膩,有些則相當有咬勁。而每一個部位在烹調
過後,也都有具有其獨特口感,例如羊後腿就跟
里肌肉不相上下,透過煎、炸、燉等烹調方式,
就能締造出多層次的口感。

3. 油花分布

油花的顏色會因飼養的方式而有所差別,如果是
圈飼方式,其油脂會呈現乳白色,也是一般市場
比較常見的,如果是放牧的羊,則油花部分就會
呈現淺黃色,但不論是哪一種,肌肉和脂肪層的
紋理分布都要細密均勻,脂肪結實最為重要。

瘦肉部分應該呈現漂亮的鮮紅色，且肌肉纖維非常細緻。

有緊實度的肉，在質地上也會較為濕潤，摸起來有彈性。

肌肉和脂肪層的紋理分布都要細密均勻。

讓羊肉變好吃的事前處理

去除血水雜質、前置處理時的去腥方式、以及讓肉質變嫩的事前醃漬等等，
這一些事前處理步驟必不可少，
如果每一步都能確實做到位，
想要端出能散發出香氣，以及入口的味道都能讓人回味再三的料理，
再也不困難！

要做出好吃的肉料理，肉的新鮮與否是首要注意的關鍵之一。但除了新鮮，肉的味道也關乎料理的成敗，所以，買回來的肉，一定要經過一些事前處理，包括「去除血水與雜質」、「去除肉腥味」，以及「如何進行事先醃漬」等等，讓做出來的肉料理，美味零失敗！

事先把脂肪去除

之所以會有濃厚的肉羶味，主要的成分大多集中在脂肪，所以可以把肌肉與肌肉間的脂肪筋膜切開後，去除脂肪的部分，如此就能去除部分羶味。另外，除了浸泡味水，也可以用料理米酒浸泡30分鐘，可以讓肉的味道更好。此外，大蒜、迷迭香、百里香也是去除羊腥味的好幫手。

事先進行醃漬
更能強化整體風味

如果能在烹調之前，事先對肉類進行醃漬，除了能讓整體風味更好之外，透過醃漬的材料，例如：孜然、辛香料、糖、醋等等不同的成分，對肉類所含的蛋白質進行事先的分解，就能夠讓肉質入口時更為軟嫩。

修油、修筋，低溫烹煮

把準備好的羊肉先修油、修筋，再加入大蒜、百里香、迷迭香、橄欖油，放入真空袋中，真空後靜置隔夜。再把真空好的羊小排用58℃低溫煮約30分鐘，取出後擦乾，將四邊修整整齊，以鹽及黑胡椒碎調味。

把脂肪去除，入鍋煎香

濃厚的肉羶味，主要的成分大多集中在脂肪，所以可以把肌肉與肌肉間的脂肪筋膜切開後，去除脂肪的部分，如此就能去除部分羶味。另外，除了浸泡味水。此外，大蒜、迷迭香、百里香也是去除羊腥味的好幫手，再入鍋煎出香氣。

事先醃漬
更能強化整體風味

透過醃漬的材料，例如：香草、辛香料、糖、醋、油脂等等不同的成分，對肉類所含的蛋白質進行事先的分解，就能夠讓肉質入口時更為軟嫩。所以在烹調之前，事先對肉類進行醃漬，就能讓整體風味更好。

修油、修筋，低溫烹煮

把準備好的羊肉先修油、修筋，再加入大蒜、百里香、迷迭香、橄欖油，放入真空袋中，真空後靜置隔夜。再把真空好的羊小排用 58℃ 低溫煮約 30 分鐘，取出後擦乾，將四邊修整整齊，以鹽及黑胡椒碎調味。

羊菲力、麵疙瘩
佐阿根廷青醬

Chef tips

煎羊里肌的過程，是在去除肉的水分，透過去除水分的步驟來增強香氣，把美味好好濃縮，也由於較厚的里肌中心部位不易煮熟，所以除了進行煎製，還要放入烤箱烘烤，讓受熱更一致，做出更好的味道。

材料

羊菲力

羊里肌…100 公克
鹽…適量
黑胡椒…適量 _ 切碎

麵疙瘩

馬鈴薯…300 公克
低筋麵粉…120 公克
全蛋液…10 公克
荳蔻粉…1 公克
奶油、鮮奶油…各適量

阿根廷青醬

巴西里…10 公克 _ 切碎
香菜葉…10 公克 _ 切碎
墨西哥辣椒…2 公克 _ 切碎
黑胡椒粉…2 公克
檸檬皮…5 公克 _ 切碎
橄欖油…60cc
白酒醋…50cc
水…50cc
糖…75 公克
鹽…6 公克

裝飾

紅牛血苗菜
豌豆苗

作法

| 羊菲力

1 羊里肌去除多餘的油脂,先以鹽及黑胡椒碎醃漬入味。平底鍋加熱,倒入適量的橄欖油,放入羊里肌,先把一面煎至焦糖色,再進行翻面,翻面後同樣煎到呈現焦糖色澤。

2 將羊里肌取出,放入已預熱好的烤箱中,以上下火200℃烤2分鐘,取出靜置2分鐘,如此重複3次,直到7分熟即可取出。

|| 麵疙瘩

3 將烤好的羊里肌平均切片,排入盤中。

4 馬鈴薯事先蒸軟後過篩,準備好要做麵疙瘩的材料,包括:低筋麵粉、全蛋液、荳蔻粉。

5 過篩完的熱馬鈴薯泥加入所有材料,再混合均勻成團。

6 再將馬鈴薯麵團搓成一個約15公克的圓球狀,再一一用叉子壓出壓痕,放置冷凍隔夜。

7 建議可以在前一天先做好，就可以隨時取用。鍋中放入適量的水煮滾，放入馬鈴薯麵疙瘩，煮至浮起來即可撈出。

8 平底鍋中放入適量的奶油，將馬鈴薯麵疙瘩放入煎至兩面上色。

9 再倒入鮮奶油一起拌炒調味。

阿根廷青醬

10 準備好青醬所有材料，包括巴西里末、香菜葉末、墨西哥辣椒末、黑胡椒粉、檸檬皮碎、橄欖油，白酒醋、水、糖、鹽。

11 將所有材料倒入容器裡，以均質機打勻，即為阿根廷青醬。

12 將羊里肌放入盤中，再放上麵疙瘩、裝飾蔬菜，淋上醬汁即完成。

孜然羊肉串
佐芒果優格醬汁

材料

羊菲力…80g
普羅旺斯香草…1g
匈牙利紅椒粉…1g
鹽…5g
紅甜椒…1/2 顆 _ 切 2 公分的丁片
黃甜椒…1/2 顆 _ 切 2 公分的丁片
洋蔥…1/2 顆 _ 切 2 公分的丁片
胡椒…5g
孜然粉…2g
迷你洋蔥…適量
時蔬…適量
芒果…60g
優格…100g

Chef tips

烤肉串前先把條紋鐵鍋燒熱才開始燒烤,這樣放入肉串後就會發出聲響。為了避免沾黏,建議在加熱前先刷上適量的油脂,再把肉串放入即可避免。

作法

1　羊菲力切成2公分的塊狀，加入普羅旺斯香草、匈牙利紅椒粉、鹽一起抓勻，醃漬3個小時；同時準備好其他食材。

2　醃漬好的羊肉、紅甜椒、黃甜椒以及洋蔥片串成肉串。

3　再一一撒上適量的胡椒、孜然粉在肉串表面。

4　放到烙烤盤上烤至羊肉表面金黃上色、羊肉熟透。同時也可以烤迷你洋蔥跟時蔬，烤熟後取出，排入盤中。

5　將芒果去皮、去籽，取下果肉、切塊，加入優格。

6　使用均質機打勻。或者也可以用果汁機攪拌均勻，即可搭配肉串一起食用。

香煎羊肩肉
燉煮薏仁
佐羊骨肉汁

材料

香煎羊肩肉

羊肩肉（帶骨）…350 公克
細麵包粉…15 公克
起司粉…10 公克
大蒜…10 公克 _ 切碎
巴西里…5 公克 _ 切碎
鹽…適量
黑胡椒…適量 _ 切碎
羊骨肉汁…100 公克
奶油…15 公克

燉煮薏仁佐羊骨肉汁

橄欖油…適量
洋蔥…5 公克 _ 切碎
蒜頭…5 公克 _ 切碎
小薏仁…50 公克 _ 泡水隔夜
羊骨高湯（詳見 p.21）…300cc
紅蘿蔔…10 公克 _ 去皮、切小丁
小黃瓜…10 公克 _ 切小丁
百里香…2 公克
小黃瓜片…1 片

Chef tips

羊骨肉汁

材料

羊骨 3 公斤、洋蔥塊 300 公克、西芹塊＆紅蘿蔔塊各 150 公克、羊骨高湯（詳見 p.21）
5 公升、番茄糊 150 公克、月桂葉 1 片、百里香＆胡椒粒各 2 公克、紅酒 400cc、鹽適量

作法

1. 烤箱預熱，以 200℃將羊骨烤至金黃。洋蔥、西芹、紅蘿蔔炒至微焦後加入番茄糊
   小火慢炒，再加入烤過的羊骨頭炒勻，倒入羊高湯小火熬煮 8 小時，並隨時撈起表
   面浮油及浮渣，過濾加入濃縮紅酒即可。
2. 紅酒煮到濃縮至 1/2 後加入，作法 1 即可。

作法

Ⅰ 香煎羊肩肉

1   食物調理機中放入細麵包粉、起司粉、大蒜碎、巴西里碎。

2   將材料一起攪打均勻,做成香料粉。

3   羊肩肉修油後以鹽、黑胡椒碎調味。平底鍋中放入適量的橄欖油燒熱,放入羊肩肉煎上色後取出。

4   將羊骨肉汁煮滾後加入奶油一起煮至乳化,增加黏稠度及香氣。準備好羊肩肉及香料粉。

5   在羊肩肉上均勻的刷上奶油羊骨肉汁。

6   再放入香料盤中,均勻的沾裹上香料粉。

7   放入已預熱的烤箱中,以上下火200℃烤2分鐘,靜置2分鐘,如此重複3次,即可取出。

8   切成大塊。

Ⅱ 燉煮薏仁佐羊骨肉汁

9   薏仁先泡一晚水,之後用水煮軟。

10   鍋中放入適量的橄欖油燒熱,爆香洋蔥、蒜碎,再加入薏仁,分次加入羊骨高湯,以小火煮熟。

11   再加入紅蘿蔔、小黃瓜丁炒熟,繼續加入百里香後一起攪拌均勻。

12   將小黃瓜片繞成一個圓,在中間放入小薏仁及其他炒料。

13   所有材料排入盤中,淋上羊骨肉汁即完成。

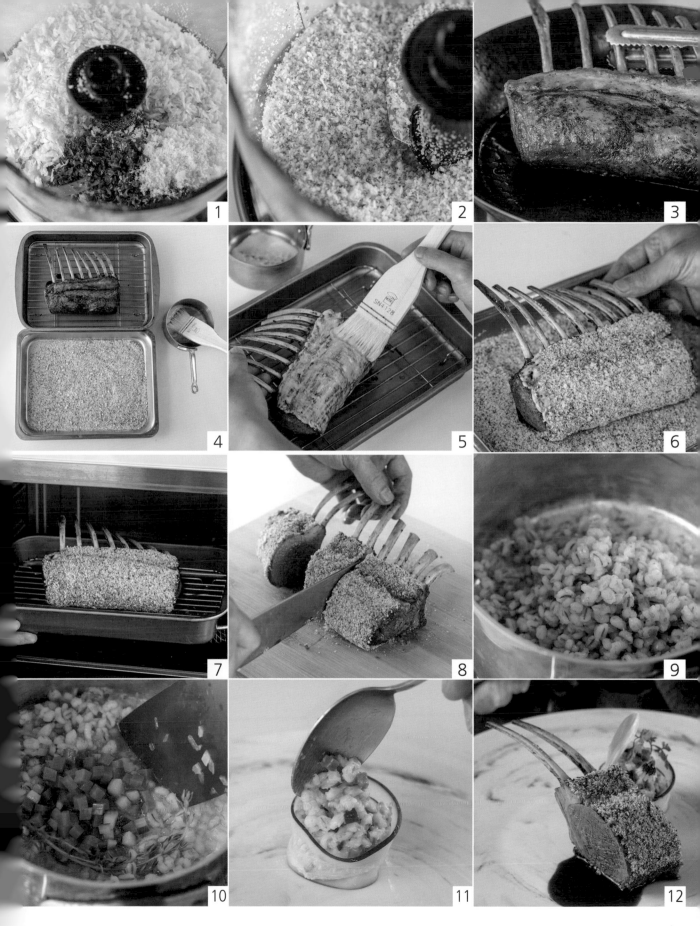

紅咖哩燉煮羊腿肉
北非小米

材料

紅咖哩燉煮羊腿肉

羊腿肉…400 公克
鹽…適量
黑胡椒…適量 _ 切碎
西芹…40 公克 _ 切塊
紅蘿蔔…40 公克 _ 去皮、切塊
洋蔥…100 公克 _ 切塊
紅咖哩…40 公克
辣油…5cc
檸檬葉…2 片
斑蘭葉…30 公克 _ 切段
棕梠糖…20 公克
香茅…30 公克

羊骨高湯（詳見 p.21）…2000cc
椰奶…50cc

北非小米

北非小米…50 公克
滾水…50cc
蒜頭…5 公克 _ 拍扁
葡萄乾…10 公克
乾蔥…5 公克
金桔丁…10 公克
牛番茄…1/2 顆 _ 切丁
綠櫛瓜…50 公克 _ 切丁
金桔…1 顆 _ 對切一半

Chef tips

在後肢的腱子肉上方的
羊腿肉，應用的烹調方
法很廣泛，且比其他部
位的脂肪含量都還要少
的瘦肉，除了用燉煮，
還可以用燒烤的方式來
進行烹調，就能品嚐到
不同的口感與美味。

作法

| 紅咖哩燉煮羊腿肉

<u>1</u>　羊腿肉去除肉上的油酯切成3公分塊狀，以鹽、黑胡椒末一起拌勻。放入已經加入橄欖油的平底鍋中，以中火煎至金黃上色，取出。

<u>2</u>　取一個深鍋，放入西芹塊、紅蘿蔔塊、洋蔥片及紅咖哩一起拌炒均勻。

<u>3</u>　繼續加入檸檬葉、斑蘭葉、香茅、棕梠糖，拌炒均勻。

<u>4</u>　繼續加入羊骨高湯及辣油，以大火煮滾。

<u>5</u>　放入羊腿肉塊，改成中小火燉煮1.5小時。

<u>6</u>　加入40cc的椰奶再攪拌均勻。

<u>7</u>　拌勻後即可熄火。

<u>8</u>　北非小米用滾水燜10分鐘燜熟，並把其他配料準備好。

<u>9</u>　在燜熟的北非小米中，加入葡萄乾、乾蔥、金桔丁、牛番茄丁、綠櫛瓜丁一起拌勻。

<u>10</u>　利用篩網將金桔汁擠入。

<u>11</u>　最後把所有材料攪拌均勻，即完成。

<u>12</u>　最後在燉肉上淋上剩餘的椰奶即完成，可搭配北非小米一起食用。

舒肥羔羊里肌肉
醃漬甜椒
佐肉汁

Chef tips

里肌肉大約位於羊肩旁邊，味道濃郁，且肉質吃起來較為軟嫩，羊騷味也相對較少，對於一般人來說，接受度會比較高。

材料

舒肥羔羊里肌肉

羔羊里肌肉⋯200 公克
大蒜⋯1 顆
百里香⋯1 公克
迷迭香⋯1 公克
橄欖油⋯25 公克
鹽⋯適量
黑胡椒⋯適量 _ 切碎

醃漬甜椒佐肉汁

青椒⋯1 個
紅甜椒⋯1 個
黃甜椒⋯1 個
松子⋯10 公克 _ 放入烤箱以上下火 150℃烤 15 分鐘至金黃
葡萄乾⋯5 公克 _ 切碎
大蒜⋯1 顆 _ 切碎
巴西里⋯1 公克 _ 切碎
羊骨肉汁（詳見 p.117）⋯100cc
奶油⋯15 公克

作法

｜舒肥羔羊里肌肉

<u>1</u>　準備好羔羊里肌肉，先修油、修筋，以及大蒜、百里香、迷迭香、橄欖油。

<u>2</u>　將所有材料放入真空袋中，真空後靜置到隔夜。

<u>3</u>　真空好的羔羊里肌肉用 58℃ 低溫煮約 30 分鐘。

<u>4</u>　取出後擦乾，將四邊修整整齊，並以鹽及黑胡椒碎調味。

<u>5</u>　燒熱的鍋中，倒入 1 大匙的橄欖油，以中火加熱，等聞到香氣後，放入羔羊里肌肉，直到把一面煎至上色，翻面後同樣煎到呈現焦糖色澤。

<u>6</u>　將羔羊里肌肉取出，切成大塊，排入盤中。

‖ 醃漬甜椒佐肉汁

7　青椒、紅甜椒、黃甜椒用噴槍
　　噴至全黑，去皮、去籽，切成
　　0.2公分寬、5公分長的條狀，
　　與松子、葡萄乾、蒜末一起放
　　入鍋中。

8　將所有材料拌炒均勻，炒至香
　　味逸出。

9　加入20cc橄欖油以及巴西里末
　　一起攪拌均勻。

10　所有材料炒勻後即可熄火盛入
　　盤中。

11　將羊骨肉汁煮滾後加入奶油乳
　　化即為醬汁，並淋在肉排上即
　　完成。

PART4

最家常的幸福味道！
雞肉＆鴨肉料理

表面是有光澤與亮度的，
摸起來的手感非常平滑。

用手去按壓肉品時，具
有彈性是共通原則。

肉質層和脂肪層的紋理
分布都要細密均勻。

挑選美味雞肉＆鴨肉的 3 大基準

1. 色澤

好的雞肉肉色大多白裡透紅，且表面是有光澤與亮度的，摸起來的手感非常平滑。聞一聞味道，看看有沒有異味，也是用來分辨肉質好壞最快的方式。

如果是鴨肉，在購買時要先觀察鴨的體表顏色，看看是不是光滑？摸起來有沒有黏膩感，或者直接聞一下味道，也能有助於判斷。總結來說，肉應該呈現結實、飽滿的狀態，骨頭要完整，肉的表皮要平滑。

2. 緊實度

雞肉或鴨肉最常食用部位，包括腿部、胸部、以及翅膀等，因此肉質的緊實度，也會因為不同部位的肌肉組織不同，而有所差異，有的肉質鮮美，有些鬆軟細膩，有些則相當有咬勁。而每一個部位在烹調過後，也都有具有其獨特口感，不過，當用手去按壓肉品時，具有彈性是共通原則。

3. 油花分布

一般來說，一般市場比較常見的雞肉或鴨肉，肉質層和脂肪層的紋理分布都要細密均勻，油脂以呈現乳白色、結實最為重要。如果在表面看到滲出的油脂，同時肉的切面為灰白色、淺綠色，甚至是淺紅色，就要避免選購。

讓肉變好吃的事前處理與烹調

去除血水雜質、前置處理時的去腥方式、以及讓肉質變嫩的事前醃漬等等，
這一些事前處理步驟必不可少，
如果每一步都能確實做到位，
想要端出能散發出香氣，以及入口的味道都能讓人回味再三的料理，
再也不困難！

要做出好吃的肉料理，肉的新鮮與否是首要注意的關鍵之一。但除了新鮮，肉的味道也關乎料理的成敗，所以，買回來的肉，一定要經過一些事前處理，包括「去除血水與雜質」、「去除肉腥味」，以及「如何進行事先醃漬」等等，讓做出來的肉料理，美味零失敗！

去除血水與雜質

判斷這道料理是否美味，從食物所散發出來的氣味，往往成為重要依據。想要能夠讓人感到食欲大增，利用能夠去除血水與雜質的方式，來達到去除肉腥味的作法，必須確實做到。

當然，作法上有許多選擇，有些人會用跑活水的方式，有些會用汆燙，但其實最有效的方式，是以「味水浸泡」，最能去除血水與肉中雜質（詳見 p.23）。

事先進行醃漬，更能強化整體風味

如果能在烹調之前，事先對肉類進行醃漬，除了能讓整體風味更好之外，透過醃漬的材料，例如：孜然、辛香料、糖、醋等等不同的成分，對肉類所含的蛋白質進行事先的分解，就能夠讓肉質入口時更為軟嫩。

低溫烹煮，讓口感更軟嫩

肉質偏硬的鴨肉，可以用大蒜、百里香、迷迭香、橄欖油，把鴨胸肉泡入味水2小時後吸乾，放進真空袋真空以58℃舒肥40分鐘，就能烹調出柔軟的口感。

浸泡味水
去除肉腥味肉質更軟嫩

比起汆燙或是以大量的清水沖刷，利用味水的薄鹽水浸泡法，除了能解凍、提升保汁性外，最重要就是能去除血水，來達到軟嫩肉質的目的。只要將冷水、大蒜、月桂葉、百里香、黑胡椒、鹽及糖混合好，再放入浸泡1小時即可（詳見 p.23）。

事先醃漬
更能強化整體風味

透過醃漬的材料，例如：香草、辛香料、糖、醋、油脂等等不同的成分，對肉類所含的蛋白質進行事先的分解，就能夠讓肉質入口時更為軟嫩。所以在烹調之前，事先對肉類進行醃漬，就能讓整體風味更好。

低溫烹煮
讓口感更軟嫩

肉質偏硬的鴨肉，可以用大蒜、百里香、迷迭香、橄欖油，把鴨胸肉泡入味水2小時後吸乾，放進真空袋真空，58℃舒肥40分鐘，就能烹調出柔軟的口感。

烙烤雞腿
煎舞菇
佐波特酒肉汁

Chef tips

雞腿在膝部以上的部分稱為「上腿」，膝部以下則稱為「小腿」。這個部位的肌肉量比起其他部位更多，筋的含量也比較多，肉質上偏硬。帶骨的雞腿非常適合以烙烤的方式進行。

材料

烙烤雞腿

雞腿（350公克）…1隻 _ 雞腿的筋和骨頭剔除
味水（詳見 p.23）…1000cc
橄欖油…適量
黑胡椒…適量 _ 切碎
鹽…適量

煎舞菇佐波特酒肉汁

舞菇…1朵 _ 去除表層的土
晚香玉筍…1支 _ 去皮削尖燙熟
波特酒…80cc
雞骨肉汁…150公克
奶油…5公克

裝飾

紅酸模
玉米苗
燙熟的青花菜

雞骨肉汁

材料
雞骨 1.5公斤、洋蔥塊 150公克、西芹塊、紅蘿蔔塊各 75公克、雞高湯 4公升、番茄糊 75公克、月桂葉 1片、百里香及胡椒粒各 2公克、紅酒 600cc

作法
1. 烤箱預熱，以200℃將雞骨烤至金黃。洋蔥、西芹、紅蘿蔔炒至微焦加入番茄糊小火慢炒、在加入雞骨頭炒勻。
2. 倒入雞高湯小火熬煮3小時，並隨時撈起表面浮油及浮渣，紅酒濃縮至1/2後加入，煮完過濾隔冰冷卻。

作法

Ⅰ 烙烤雞腿

1 將筋和骨頭已經剔除的雞腿，泡入味水中2小時，取出，並將水分吸乾，以皮面朝下的方式，放入事先淋上1大匙橄欖油的烙烤鍋中。

2 先將皮面煎出漂亮的格紋，翻面，煎至微焦後，以鹽及胡椒碎調味，放入已預熱烤箱中，以上下火200℃烤4分鐘至熟即可取出。

Ⅱ 煎舞菇佐波特酒肉汁

3 將雞腿肉修整整齊，切成長條狀後備用。

4 平底鍋中淋上適量的橄欖油，再將舞菇放入，烹煮至金黃熟透，即可取出。

5 鍋中放入波特酒，加熱縮至1/3的量，再加入雞骨肉汁，盛盤前加入奶油乳化攪拌均勻。

6 將所有食材擺入盤中，淋上醬汁，再放入裝飾蔬菜即完成。

松露蘑菇鑲雞胸
奶油娃娃菜
佐黑胡椒醬汁

Chef tips

把餡料擠入雞胸肉時，要把肉撐開，邊擠入時要邊往內擠壓，這樣餡料才會均勻的鋪平其中，最後的開口要用牙籤封住，避免在製作的過程中餡料外露，影響整體外觀。

材料

Ⅰ 松露蘑菇鑲雞胸

雞胸…1 片
味水（詳見 p.23）…1 公升
洋菇…3 顆 _ 切成 0.2-0.3 公分小丁
鴻喜菇…10 公克 _ 切成 0.2-0.3 公分小丁
大蒜…1 顆 _ 切碎
洋蔥…10 公克 _ 切成 0.2-0.3 公分小丁
馬鈴薯…10 公克 _ 去皮、切成 0.2-0.3 公分小丁
紅蘿蔔…5 公克 _ 去皮、切成 0.2-0.3 公分小丁
白酒醋…50cc
糖…75 公克
水…50cc
奶油白醬（詳見 p.74）…100 公克

奶油…10 公克
鮮奶油…30cc
新鮮松露…150 公克
松露醬…35 公克

Ⅱ 奶油娃娃菜佐黑胡椒醬汁

奶油…10 公克
麵粉…10 公克
雞高湯…30cc
娃娃菜…1 顆 _ 洗淨
山蘿蔔葉 _ 切碎
黑胡椒粉…10 公克
雞骨肉汁（詳見 p.135）…150cc

作法

| 松露蘑菇釀陷雞胸

1　把雞胸的油脂修掉,泡入味水中2小時。

2　把泡過味水的雞胸肉取出,放在廚房紙巾上,把水分充分的吸乾。

3　取一把小刀在雞胸肉的中間橫剖一刀,四周不要切斷備用。

4　鍋中放入適量的橄欖油燒熱,放入洋菇丁、鴻喜菇丁一起拌炒,炒到香味逸出。

5　接著加入大蒜碎、洋蔥丁、馬鈴薯丁以及紅蘿蔔丁炒香後,加入白酒醋、糖、水調味後,取出備用。

6　將奶油白醬拌入,再一起攪拌均勻,裝入擠花袋中,做成內餡。

<u>7</u>　把雞胸肉撐開，再把做好的餡料擠入。

<u>8</u>　邊擠入時要邊往內擠壓，這樣餡料會均勻的鋪平，最後的開口用牙籤封住。

<u>9</u>　鍋中放入適量的橄欖油燒熱，放入雞胸肉後，把每一面都煎至表面呈現金黃，取出後，放入已預熱烤箱，以上下180℃烤4分鐘至熟即可取出。

<u>10</u>　鍋中放入奶油白醬煮融後，加入鮮奶油一起煮勻。

<u>11</u>　加入松露醬，攪拌均勻，做成松露白醬，熄火後取出備用。

<u>12</u>　將新鮮的松露刨成約0.1公分的薄片。

13　再使用圓切模壓切成大小一致的圓片。

14　在煎好的雞肉片上均勻塗抹上一層厚薄一致的松露白醬。

15　再將刨好的新鮮松露圓片整齊的排放在上面。

16　用保鮮膜固定好,再對切一半,即可排入盤中。

II 奶油娃娃菜佐黑胡椒醬汁

17　鍋中放入奶油、麵粉、雞高湯煮滾,放入汆燙過的娃娃菜,再倒入山蘿蔔葉碎一起煮勻,即可撈出,排入盤中。

18　將黑胡椒粉炒香,加入雞骨肉汁煮15分鐘後,再加入奶油一起攪拌均勻,即可取出,舀入盤中即完成。

低溫嫩雞胸
綜合生菜
佐羅勒油醋醬

材料

Ⅰ 低溫嫩雞胸

雞胸（200公克）…1片
味水（詳見 p.23）…1000cc

Ⅱ 羅勒油醋醬

新鮮羅勒…60公克
橄欖油…120cc
巴薩米克醋…20cc

Ⅲ 綜合生菜佐

鳳梨…30公克 _ 切1公分丁狀
牛番茄…30公克 _ 去皮、去籽，
切1公分丁狀

檸檬汁…1/2顆
橄欖油…10公克
檸檬皮屑…1小匙
綠捲心…2片 _ 洗淨、泡冰水，取出、吸乾水分
紅捲心…1片 _ 洗淨、泡冰水，取出、吸乾水分
山蘿蔔葉…適量 _ 洗淨、泡冰水，取出、吸乾水分
紅酸膜苗…適量 _ 洗淨、泡冰水，取出、吸乾水分
嫩菠菜…適量 _ 洗淨、泡冰水，取出、吸乾水分
鹽…5公克
黑胡椒5公克 _ 切碎

Chef tips

如果沒有舒肥棒，可以
利用料理用溫度計，當
溫度加熱到 64℃時，把
雞胸放入，同時維持這
個溫度煮至雞胸肉熟，
過程中要時不時的確認
溫度變化。

作法

Ⅰ 低溫嫩雞胸

1 先將雞胸的油脂修掉，泡入味水中2小時。

2 把泡過味水的雞胸肉取出，放在廚房紙巾上，把水分充分的吸乾，再放入真空袋中，抽真空。

3 再將真空好的雞胸用舒肥64℃的低溫，煮1小時後，取出。

4 先對切一半，再均切成小塊狀。

Ⅱ 羅勒油醋醬

5 將新鮮羅勒用滾水汆燙，取出，放入冰水中冰鎮、吸乾，放入容器中。

6 再倒入橄欖油。

7 使用均質機充分攪勻，靜置。

8 靜置1天的羅勒油，使用細孔濾網過濾掉渣滓即可。

9 將過濾出來的羅勒油取30cc，再加入巴薩米克醋一起攪拌均勻，就是羅勒油醋醬。

Ⅲ 綜合生菜

10 容器中放入鳳梨丁、牛番茄丁，先加入檸檬汁、橄欖油一起拌勻。

11 接著加入檸檬皮屑後再次攪拌均勻。

12 接著加入所有生菜，包括綠捲心、紅捲心、山蘿蔔葉及紅酸膜苗、嫩菠菜，再拌入鹽、以及黑胡椒碎，即可排入盤中，最後淋上醬汁即完成。

堅果奶油烤雞胸
炙燒玉米
烙烤鴻喜菇佐雞骨肉汁

材料

I 堅果奶油烤雞胸

核桃…25公克
榛果…25公克
麵包粉…10公克
室溫奶油…115公克
黑胡椒…適量 _ 切碎
鹽…適量
雞胸…1片（200公克）

II 炙燒玉米、烙烤鴻喜菇

奶油…適量
玉米…1/2根 _ 切下玉米粒
鴻喜菇…1/2包 _ 去除沙土、掰成小朵
迷你紅蘿蔔1根 _ 汆燙至熟

III 雞骨肉汁

雞骨肉汁（詳見 p.135）…100公克
奶油…適量

裝飾

山蘿蔔葉
紅酸膜苗
豌豆苗

Chef tips

雞胸肉的脂肪含量少，幾乎沒有什麼腥味，味道清爽且口感柔軟、容易入口。在烹調的過程只要小心過度加熱，而導致肉質變柴，就能順利端出一盤美味的雞胸料理。

作法

| 堅果奶油烤雞胸

<u>1</u>　核桃及榛果放入已預熱烤箱中，以上下火150℃烤15分鐘，取出後，將堅果搗碎，放入容器內，拌入軟化的奶油及麵包粉。

<u>2</u>　加入鹽及黑胡椒調味，放在烤焙紙上抹平，再移入冰箱中冷藏，等到形狀固定。

<u>3</u>　將核桃榛果取出，上方再覆蓋上一張烘焙紙，以擀麵棍慢慢將其擀壓。

<u>4</u>　慢慢擀壓，讓其延展出厚薄一致的薄片。

<u>5</u>　雞胸肉淋上橄欖油，並以鹽及黑胡椒調味後，以平底鍋煎至金黃上色，再移入已預熱烤箱中，以上下火200℃烤3分鐘。

<u>6</u>　烤好的雞胸肉取出，切除兩側，取中間部分。

<u>7</u>　核桃堅果奶油裁成切與雞胸一樣大小，鋪在雞胸肉上方。

<u>8</u>　移入已預熱烤箱中，以上下火200℃烤3分鐘，烤至表面金黃即可取出排盤。

II 炙燒玉米、烙烤鴻喜菇

<u>9</u>　鍋中放入適量奶油燒融，放入玉米粒以及鴻喜菇炒熟，加入迷你紅蘿蔔一起拌炒一下，即可取出，盛入盤中。

III 雞骨肉汁

<u>10</u>　將雞骨肉汁與奶油一起加熱拌勻，淋入盤中，放入裝飾蔬菜即完成。

起司乳酪菠菜
雞腿捲、烙烤時蔬
佐白酒醬汁

Chef tips

1. 可以使用拍肉器敲打一下雞腿肉片，幫助肉片的厚薄更加均勻。
2. 將雞肉緊緊捲起是為了不讓空氣進去，所以捲起後要把兩端的保鮮膜扭緊，整成糖果狀。

材料

I 起司乳酪菠菜雞腿捲

雞腿（250公克）…1隻 _ 剔除骨頭，
將肉修平
味水（詳見 p.23）…1000cc
菠菜…30公克
鹽…適量
黑胡椒…適量 _ 切碎
莫扎瑞拉起司…50公克 _ 放入真空袋隔
水加熱至融，搓成長條狀

II 烙烤蒔蔬佐白酒醬

奶油…10公克
綠櫛瓜…2片 _ 洗淨、切丁
紅甜椒…2片 _ 洗淨，去蒂及籽、切丁
鹽…適量

白酒…150cc
雞骨高湯（詳見 p.21）…170cc
蒔蘿…適量 _ 切末
蒜頭…1顆 _ 切片
紅蔥頭…1顆 _ 切片
百里香…1枝
鮮奶油…50cc
芥末子醬…1大匙
蝦夷蔥…適量 _ 切末

作法

| 起司乳酪菠菜雞腿捲

<u>1</u>　先將雞腿肉的油脂修掉，泡入味水中2小時。

<u>2</u>　將雞腿肉取出，用廚房紙巾擦乾水分。

<u>3</u>　將雞腿肉上的筋膜切斷，避免在加熱的過程中收縮。

<u>4</u>　把菠菜洗淨，再切成約5公分的長段，放入加入適量橄欖油的平底鍋中拌炒均勻，加入鹽及黑胡椒碎炒勻，即可取出。

<u>5</u>　先鋪上保鮮膜，雞腿肉以皮面朝下的方式放入，再均勻的鋪上放涼的炒菠菜。

<u>6</u>　接著放上莫扎瑞拉起司條。

<u>7</u>　將雞腿肉捲起，並以耐熱保鮮膜緊緊的包覆住。

<u>8</u>　再以鋁箔紙包捲。

<u>9</u>　包捲時，從靠近身體這一側開始捲起。

<u>10</u>　邊包覆，可以邊調整左右兩側的鋁箔紙，就能捲得更緊實一點。

<u>11</u>　包好的雞腿肉，放入水溫90℃舒肥15分鐘，即可取出，去除鋁箔紙。

<u>12</u>　再將保鮮膜去除，放入已加入橄欖油的平底鍋中略煎至上色，即可取出靜置一下。

II 烙烤時蔬佐白酒醬

<u>13</u>　先將頭尾切除後,再對切成一半,盛盤備用。

<u>14</u>　鍋中放入奶油燒融,再加入綠櫛瓜及紅甜椒一起拌炒,再加入鹽調味。

<u>15</u>　倒入白酒及 20cc 的雞高湯縮煮至 1/3。

<u>16</u>　再加入蒔蘿末一起拌炒均勻,即可盛盤。

<u>17</u>　鍋中倒入剩餘的雞高湯,縮至 1/3。

<u>18</u>　再加入蒜頭片、紅蔥頭片、百里香煮至香味逸出。

<u>19</u>　再加入鮮奶油一起煮滾濃縮成
　　為白酒醬。

<u>20</u>　將濃縮好的白酒醬過濾掉渣
　　滓。

<u>21</u>　再加入芥末子醬一起攪拌均
　　勻。

<u>22</u>　在攪拌均勻的白酒醬中，加入
　　適量的蝦夷蔥即完成。

<u>23</u>　先將雞腿捲擺入盤中，在周圍
　　放上綠櫛瓜及紅甜椒，最後淋
　　上醬汁即可。

白酒奶油燴雞

Chef tips

雞肉的部位包括雞腿、雞胸、雞翅等等。每一個部位的味道、口感、脂肪含量也不同。雞腿的肌肉量比起其他部位更多，筋的含量也比較多，肉質上偏硬。帶骨的雞腿以煎製燴煮的方式非常適合。

材料

帶骨雞腿…1 片
味水（詳見 p.23）
白酒…30 公克
奶油…50 公克
洋蔥…35 公克 _ 去皮、切塊
紅蘿蔔…30 公克 _ 去皮、切塊
西芹…30 公克 _ 切塊
麵粉…50 公克
雞骨高湯（詳見 p.21）…400 公克
月桂葉…5 公克
百里香…5 公克
鹽…適量
黑胡椒適量 _ 切碎
檸檬汁…15 公克
鮮奶油…100 公克

作法

1 先將雞腿的油脂修掉，泡入味水中（詳見 p.23）2 小時，將雞腿取出，用廚房紙巾擦乾水分。

2 在雞腿的關節處切開，切成 2 大塊。

3 鍋中放入適量的橄欖油燒熱，放入雞腿，以中火煎至兩面金黃上色。

4 等到香氣四溢時，嗆入白酒。

5 利用鍋子和雞腿的熱度來幫助酒精揮發，這樣料理出來的雞腿肉會帶著濃郁的酒香，吃起來卻不會有酒味。

6 用煎過雞腿排的鍋子將洋蔥、紅蘿蔔、西芹炒香，即可取出備用。

<u>7</u>　取一個燉鍋，先放入切成小塊的奶油，由於奶油易焦，所以要保持適當的溫度。

<u>8</u>　當奶油融化且氣泡變得細小，就可以加入麵粉一起拌炒。

<u>9</u>　用中小火把奶油跟麵粉一起拌炒均勻，要注意火力如果太大，容易出現焦鍋的情形。

<u>10</u>　再分次加入雞高湯，攪拌均勻後，製作成白醬。

<u>11</u>　放入雞腿肉、洋蔥、紅蘿蔔、西芹、月桂葉、百里香、檸檬汁，一起燉煮約20分鐘。

<u>12</u>　最後加入鮮奶油煮滾後即可熄火端出。

香煎田螺雞腿捲
香料烤番茄
佐奶油青醬

材料

Ⅰ香煎田螺雞腿捲

培根…5公克_切碎
紅蔥頭…5公克_切碎
田螺肉…50公克_切0.5公分_丁狀
鹽…適量
黑胡椒…適量_切碎
雞骨肉汁（詳見 p.135）…15公克
羅勒葉…1片_切碎
雞腿（250公克）…1隻
味水（詳見 p.23）…1公升

Ⅱ香料烤番茄佐奶油青醬

細麵包粉…15公克
起司粉…10公克
大蒜…10公克_切碎
巴西里…5公克_切碎
牛番茄…1/2顆
羅勒…20公克
大蒜…15公克_切片
橄欖油…25cc
帕達諾起司…10公克
鮮奶油…15cc

Ⅲ裝飾

豌豆苗
小牛血葉

Chef tips

1. 可以使用擀麵棍敲打一下雞腿肉片，幫助肉片的厚薄更加均勻。
2. 將雞肉緊緊捲起是為了不讓空氣進去，所以捲起後要把兩端的保鮮膜扭緊，整成糖果狀。

作法

| 香煎田螺雞腿捲

1　鍋中放入培根及紅蔥頭碎爆香，加入田螺丁炒香，再加入鹽、黑胡椒、雞骨肉汁、羅勒葉燉煮約 20 分鐘，取出放涼。

2　雞腿剔除筋和骨頭，並將肉修平，將腿肉泡入味水 2 小時後吸乾。也可以直接購買已經去骨的雞腿排，取出雞腿肉擦乾水分，放在保鮮膜上，再平均鋪入炒好的田螺肉。

3　將雞腿肉捲起來，再以鋁箔紙包覆，以水溫 90℃ 舒肥 15 分鐘，取出，去除鋁箔紙及保鮮膜。

4　平底鍋中放入適量的橄欖油燒熱，放入雞腿捲，將表面煎出漂亮的金黃色，即可取出靜置。將靜置好的雞腿捲切除頭尾，再對半切開，即可擺入盤中。

|| 香料烤番茄佐奶油青醬

5　食物調理機中放入細麵包粉、起司粉、大蒜碎、巴西里碎。將材料一起攪打均勻成香料粉。

6　將攪打好的香料粉均勻的撒在番茄表面，放入已預熱的烤箱中，以上下火 200℃ 烤 3 分鐘至表面金黃上色即可取出。

7　將羅勒放入滾水中汆燙，取出後冰鎮，再將水擠乾，與蒜頭、橄欖油、帕達諾起司粉一起放入容器中。

8　使用均質機打細，加入鹽調味，過濾到鍋中，煮滾後加入鮮奶油拌勻即為奶油青醬。

9　在雞腿捲旁邊放上香料番茄，最後淋上醬汁，放上裝飾蔬菜即完成。

煎烤鵪鶉
豬肉甘藍菜鴨肝球
佐迷迭香肉汁

材料

I 煎烤鵪鶉

鵪鶉…1 隻
黑胡椒…5 公克 _ 切碎
鹽…5 公克

II 豬肉甘藍菜鴨肝球佐迷迭香肉汁

洋蔥…30 公克 _ 切碎
大蒜…2 顆 _ 切碎
洋菇…50 公克 _ 切碎
百里香…1 支
豬絞肉…200 公克
黑胡椒…5 公克 _ 切碎
鹽…5 公克

皺葉甘藍菜葉…1 片 _ 汆燙
豬網油…1 張
鴨肝…5 公克 _ 切方丁
雞骨肉汁（詳見 p.135）…100 公克
迷迭香…1 支 _ 去硬梗、切碎
奶油…適量

III 裝飾

迷你洋蔥…1/2 個 _ 煎熟
玉米苗
夏堇
小牛血葉

Chef tips

1. 鵪鶉可以在網路上購得，或者可用去骨雞腿排來取代。
2. 煎製過程，如果平底鍋的溫度太低，容易出現黏鍋、破皮，或讓肉過於乾柴，所以要用中火火力來進行煎製。

作法

| 煎烤鵪鶉 |

<u>1</u>　將鵪鶉泡入味水（詳見 p.23）2 小時後，取出、吸乾。

<u>2</u>　將鵪鶉去除頭頸、節翅、爪的部分，將胸腔取下後，並將鵪鶉大腿肉上劃刀，一邊將肉往上推，讓腿骨外露，撒上黑胡椒碎及鹽調味。

<u>3</u>　在平底鍋中倒入適量橄欖油加熱，讓腿肉皮朝下入鍋。過程中可以邊煎邊用刀子輕壓，把皮面煎出漂亮金黃，再換另一面煎熟。

<u>4</u>　鍋中放入洋菇碎、洋蔥碎、洋菇碎、大蒜碎、百里香炒至香味逸出、水分收乾，即可取出，並將百里香撈除。

<u>5</u>　將豬絞肉放入容器中，再倒入步驟 4 炒好的料，以黑胡椒碎及鹽調味後拌勻。

<u>6</u>　將燙過的皺葉甘藍菜葉完全攤平，放上整型成球狀的豬絞肉，再放上鴨肝。

<u>7</u>　用皺葉甘藍菜葉包覆起來，並且將多餘的葉片切除。

<u>8</u>　整型成球狀。

<u>9</u>　再用豬網油包覆在外，將多餘的切除。

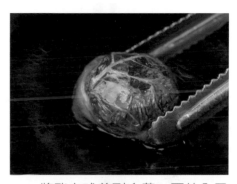

<u>10</u>　將豬肉球煎到金黃，再放入已預熱的烤箱中，以上下火180℃烤2分鐘回溫，即可取出排盤。

<u>11</u>　雞骨肉汁加入迷迭香碎煮15分鐘過濾，加入奶油乳化即可。

<u>12</u>　將鴨肝球放置正中央，烤完的鵪鶉腿放置上方，淋上醬汁、放上裝飾裝菜即完成。

油封功夫鴨腿
奶油燉飯
佐巴薩米可肉汁

鴨骨肉汁

材料

鴨骨 1.5 公斤、洋蔥塊 150 公克、西芹塊、紅蘿蔔塊各 75 公克、雞骨高湯〈詳見 p.21〉4 公升、番茄糊 75 公克、月桂葉 1 片、百里香及胡椒粒各 2 公克、紅酒 600 cc

作法

1. 烤箱預熱，以 200℃ 將鴨骨烤至金黃。洋蔥、西芹、紅蘿蔔炒至微焦再加入番茄糊小火慢炒約 1 分鐘，再加入雞骨頭炒勻。

2. 倒入鴨骨高湯小火熬煮 3 小時，並隨時撈起表面浮油及浮渣，紅酒煮至濃縮到 1/2 後加入，拌勻後過濾，以隔冰方式冷卻。

材料

Ⅰ 油封鴨腿

鴨腿…1 隻
味水（詳見 p.23）…1 公升
月桂葉…1 片
蒜頭…2 顆 _ 拍扁
黑胡椒原粒…適量
百里香…適量
迷迭香…適量
沙拉油 1000cc

Ⅱ 奶油燉飯

洋蔥…30 公克 _ 切碎

培根…1 片 _ 切碎
義大利米…50 公克 _ 洗淨
白酒…15cc
雞高湯…50 公克
起司粉…適量
奶油…適量
青花菜…1 朵 _ 洗淨
迷你紅蘿蔔…1 根 _ 去皮削尖燙熟
蘆筍 _ 去皮削尖燙熟
小番茄 _ 洗淨
鴨骨肉汁…200cc
巴薩米可醋…50cc

鹽…20 公克公克
奶油…適量

Ⅲ 裝飾

碗豆苗
小牛血葉

作法

| 油封鴨腿

1 先將鴨腿周圍多餘的油修除,洗淨之後擦乾,泡入味水中2小時,取出後,把表面的水吸乾。

2 取一個全鐵製可放入烤箱烘烤的湯鍋,先在鍋中加入月桂葉、黑胡椒粒、蒜頭、百里香、迷迭香、沙拉油,後攪拌均勻加入鴨腿,蓋上鍋蓋。

3 先將烤箱預熱約10分鐘,將鍋子放入烤箱中,以上下火120℃的爐溫烤製時間大約3小時。家裡如果沒有烤箱,可直接用90℃油封3小時,直到能看到骨頭即可。

4 打開湯鍋,並且用夾子將鴨腿取出。鴨油不要倒掉,等冷卻後過濾,可以用來沾麵包,或者用來炒菜。

5 將鴨腿以皮面朝下的方式放入平底鍋中,以小火慢煎,同時以鍋鏟略壓,可讓皮面受熱更均勻。在煎製的過程中不要前後移動,或者急於翻面,以免破皮。

6 因為鴨腿已經是熟的,所以只要把表皮煎到上色均勻,呈現好吃的酥脆金黃,就可以取出備用。

|| 奶油燉飯

7 鍋中放入培根,以中火炒出香味,放入洋蔥略炒,再加入義大利米拌炒一下。

8 嗆入白酒,再分次加入雞高湯,邊煮邊攪拌,直到米心煮熟,就可以關火。

9 此時放入奶油及起司粉,再攪拌均勻。

10 讓奶油及起司粉完整包覆住每一顆米粒,入口時的口感會更完美。

11 將鴨骨肉汁煮滾,加入巴薩米可醋拌勻,再加入鹽調味,再加入奶油後再次拌勻,過濾。

12 先將燉飯放入盤中,再放上煎好的鴨腿,擺上迷你紅蘿蔔、小番茄、青花菜、蘆筍及裝飾菜,最後淋上醬汁即完成。

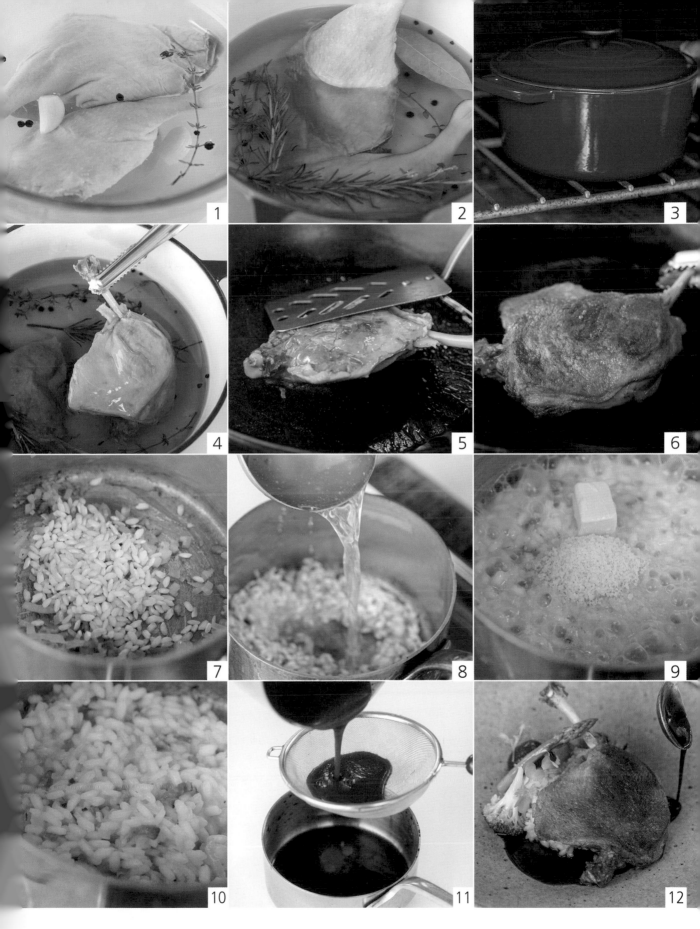

嫩煎鴨胸、炙燒香吉士
醃漬小洋蔥佐覆盆子醬汁

Chef tips

鴨胸要稍微冰凍一下，比較好劃上格紋，並且劃好後，務必放在室溫中回溫。因為如果直接煎冰冷的肉塊，會不易熟透。

材料

| 嫩煎鴨胸

鴨胸⋯1 片
黑胡椒⋯適量
鹽⋯適量

| | 炙燒香吉士醃漬小洋蔥佐覆盆子醬汁

甜菜根⋯1 顆 _ 去皮、切塊
水⋯1 公升
糖〈A〉⋯70 公克
白酒醋⋯50cc
香吉士⋯1 顆 _ 去皮、取下果肉
小洋蔥⋯2 顆 _ 一顆剝瓣；另一顆炙燒
糖〈B〉⋯15 公克
覆盆子 8 顆
水⋯5cc

蘭姆酒⋯5cc
鴨骨肉汁（詳見 p.169）⋯50cc

作法

| 嫩煎鴨胸

1　將置於室溫的鴨胸，用刀子切除多餘的脂肪以及肉筋。

2　鴨胸修完筋後，在鴨皮上先往右側一一劃上刀紋，注意不要割到肉，否則在煎皮時，肉也會煎到。

3　再往左側一一劃上刀紋，不要切斷。

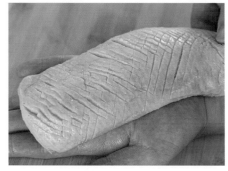

4　完成的鴨皮，可以看到清楚又漂亮的格紋。這樣在進行煎製時，更能讓鴨皮油能更有效率的流出。

5　在肉面均勻的撒上黑胡椒以及鹽，輕輕拍打，讓黑胡椒及鹽能更加入味。

6　平底鍋熱鍋後，將鴨皮朝下放入鍋中，開中小火慢慢的加熱，大約煎1~2分鐘應該就可以看到鴨皮慢慢滲出鴨油。

7　鴨油開始流出時，將其倒出並翻面。

8　讓每一面鴨胸都能確實煎出漂亮的金黃。

9　每一面大約煎1分鐘，過程中若看到鴨油滲出很多，就可以把油倒出後再繼續。放入烤箱180℃烤5分鐘後休息5分鐘，後再次進入烤箱烤2分鐘，取出。

10　用手指壓一壓鴨肉，壓起來如果是有彈性就完成了，把煎製好的鴨肉切割即可盛入盤中。

II 炙燒香吉士醃漬小洋蔥佐覆盆子醬汁

11　鍋中先放入甜菜根塊。

12　加入水，以大火煮滾，再繼續煮至甜菜根軟化。

13　把煮好的甜菜根水，以濾網過
濾乾淨。

14　取出 50cc 的甜菜根水，再加入
50cc 的白酒醋、70公克的糖
〈A〉，攪拌均勻後煮滾，靜置
冷卻。

15　將小洋蔥瓣放入，浸泡至隔夜。

16　將浸泡完成的小洋蔥片取出。

17　製作覆盆子醬汁時，先放入先
炒糖〈B〉。

18　將糖炒成焦糖。

<u>19</u>　炒焦糖時，會散發出濃濃的焦糖味及大量的煙霧。

<u>20</u>　依序加入覆盆子。

<u>21</u>　繼續加入水、蘭姆酒、鴨骨肉汁。

<u>22</u>　以中小火熬煮成濃縮汁。

<u>23</u>　把熬好的濃縮汁過濾；香吉士果肉用奶油煎至金黃並炙燒。

<u>24</u>　將所有食材排入盤中，淋上濃縮醬汁，再放入裝飾蔬菜後即完成。

低溫鴨胸
蘋果佐香橙醬汁

材料

Ⅰ 低溫鴨胸

櫻桃鴨鴨胸…1 片
味水（詳見 p.23）…1 公升
鹽…適量
黑胡椒…適量 _ 切碎

Ⅱ 蘋果佐香橙醬汁

蘋果…1 顆 _ 去皮、去籽切成塊狀
奶油…40 公克
蘭姆酒
香草莢…1 支
檸檬汁、檸檬皮…各適量
松露醬…1 小匙

香吉士…2 個 _ 一個榨汁 200cc，一個去皮取肉
鮮奶油…100cc
奶油…10 公克 _ 切塊

Ⅲ 裝飾

紅酸模
夏菫

Chef tips

經過舒肥後的鴨胸肉會
逼出油脂，所以不用進
行冰凍即可在表面劃上
格紋狀。

作法

| 低溫鴨胸

1 胸修清後泡入味水（詳見p.23）2小時後吸乾，放進真空袋真空，鴨胸以58℃舒肥40分鐘。

2 取出鴨胸後把表面的擦乾水分，如此可避免在進行煎製時黏鍋。

3 鴨胸修完筋後，在鴨皮上先往右側一一劃上刀紋，注意不要割到肉，否則在煎皮時，肉也會煎到。

4 再往左側一一劃上刀紋，不要切斷。完成的鴨皮，可以看到清楚又漂亮的格紋。這樣在進行煎製時，更能讓鴨皮油有效率的流出。

5 在肉面均勻的撒上黑胡椒以及鹽，輕輕拍打，讓黑胡椒及鹽能更加入味。

6 平底鍋熱鍋後，將鴨皮朝下放入鍋中，開中小火慢慢的加熱。

<u>7</u>　大約煎1~2分鐘時，用鍋鏟略
　　壓，可以看到鴨皮慢慢滲出鴨
　　油。

<u>8</u>　當鴨油開始流出時，可以將多
　　餘的鴨油倒出。

<u>9</u>　繼續進行煎製，以鑷子略微拉
　　高查看一下。

<u>10</u>　讓皮面能確實煎出漂亮的金黃。

<u>11</u>　翻面。每一面大約煎1分鐘，
　　過程中若看到鴨油滲出很多，
　　再繼續把油倒出。

<u>12</u>　將鴨胸取出後放入已預約的烤
　　箱中以上下火180℃烤5分鐘
　　後休息5分鐘，後再次進入烤
　　箱烤2分鐘，取出。

13　用手指壓一壓鴨肉，壓起來如果是有彈性就完成了，把煎製好的鴨肉切割即可盛入盤中。

14　平底鍋不用洗，直接放入蘋果塊煎製。

15　將蘋果塊每一面都煎至金黃上色，即可熄火。

16　另取一鍋加入奶油、蘭姆酒、略煮。

17　放入蘋果塊、香草莢一起煮。

18　擠入檸檬汁

<u>19</u>　起鍋前加入適量的松露醬。

<u>20</u>　鍋中倒入香吉士後煮至濃縮成一半，加入鮮奶油濃縮濃稠。

<u>21</u>　再加入奶油後一起攪拌均勻。

<u>22</u>　再刨下適量的檸檬皮即為香橙醬汁。

<u>23</u>　鍋中放入奶油融化後，放入香吉士果肉煮至香味逸出即可取出排盤。

<u>24</u>　所有食材放入盤中，淋上香橙醬汁後，排入裝飾蔬菜即可。

PART5

無論怎麼煮都好吃！
海鮮料理

挑選美味海鮮的基準

魚類

選購時要仔細觀察魚體表面色澤光亮還有肉質是有彈性的，同時要看魚的眼睛，呈現澄清並且無混濁狀態。魚鰓顏色鮮紅、緊貼未脫落，魚鰭亦沒有殘缺，色澤鮮豔，且腹部為緊繃狀況表示新鮮。

蝦類

含有豐富蛋白質及礦物質的蝦種類繁多，有明蝦、草蝦、龍蝦等等。選購鮮蝦時，肉質摸起來有彈性、清爽而不黏滑，體型碩大、肥美，新鮮為首要條件，且蝦殼一定要呈現透明，肢體完整帶有光澤者新鮮。

貝類

舉凡扇貝、海瓜子及各式蛤類等等，都屬於貝類，其所含礦物質及鐵、鈣、磷十分高，購買時要以活動力旺盛、腹足吸附力強，並且海腥味較少尤佳。

選購鮮蝦時，肉質摸起來有彈性、清爽而不黏滑。

選購時要仔細觀察魚體表面色
澤光亮還有肉質是有彈性的。

以活動力旺盛、腹足吸附力
強，並且海腥味較少尤佳。

讓海鮮變好吃的事前處理與烹調方式

要做出好吃的海鮮料理，新鮮與否是重要的關鍵之一。但除了新鮮，一些事前處理，包括「如何進行事先醃漬」，以及在烹調過程中，讓美味加分的方式，像是最容易吃出食材的原味的「清蒸方式」等等，都是能做出零失敗美味的重要關鍵！

事先進行醃漬，更能強化整體風味

如果能在烹調之前，事先對海鮮，尤其是魚類進行醃漬，除了能讓整體風味更好之外，透過醃漬的材料，例如：鹽、辛香料等等不同的成分，對海鮮所含的蛋白質進行事先的分解，就能夠讓肉質入口時更為軟嫩。

清蒸的方式，最容易吃出食材的原味

除了選購新鮮的食材，烹調技法的精確掌握，更是煮出美味海鮮料理的不二法門，基本上用清蒸的方式，最容易吃出食材的原味，用蒸的方法製作出來的海鮮，最大的特色是口味清淡，且能嚐到食物原有的鮮甜滋味，所以是最容易吃出食材原味的好方法。

蒸魚有兩個訣竅一定要掌握：一是火力、二是時間。用大火蒸約10分鐘熄火略燜，讓辛香料的味道能完全被吸收。另外就是時間要掌握得宜，蒸的時間不要過長，否則容易造成肉質過老。

紙包烘烤，水分完全不流失

使用蒸氣烤箱的原理是透過水蒸氣加熱，來保留住食材水分，就能有效避免食物過乾或過焦。如果沒有蒸烤箱，而使用一般烤箱，就必須確實做好顧爐的動作，以免烤過頭。

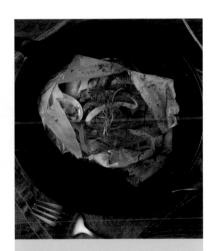

魚類事先醃漬
更能強化整體風味

透過醃漬的材料,例如:香草、辛香料、糖、醋、油脂等等不同的成分,對肉類所含的蛋白質進行事先的分解,就能夠讓肉質入口時更為軟嫩。

清蒸的方式
最容易吃出食材原味

蒸魚一定要掌握火力及時間。用大火蒸約10分鐘熄火略燜,能讓魚肉充分吸收辛香料的味道。另外就是時間不要過長,就能避免肉質過老的情況。

紙包烘烤
水分完全不流失

使用蒸氣烤箱的原理是透過水蒸氣加熱,來保留住食材水分,避免食物過乾或過焦。如果沒有蒸烤箱,而使用一般烤箱,就必須確實做好顧爐的動作,才能吃到美味。

嫩煎鮭魚
茴香淡菜沙拉
佐油醋醬汁

Chef tips

嫩煎鮭魚的美味在於入口時能保有柔軟的口感，因此放入鍋中時，要先把皮面朝下，下鍋後不要頻頻翻動，基本上就能煎出軟嫩多汁完整不破碎的鮭魚了。

材料

Ⅰ 嫩煎鮭魚

鮭魚（150 公克）…1 塊
胡椒…適量
鹽…適量

Ⅱ 茴香淡菜沙拉

淡菜 3 顆、海瓜子 1 顆
小黃瓜…30 公克 _ 洗淨、切小丁
葡萄柚果肉…1/2 顆 _ 切小丁
茴香頭…20 公克 _ 切小丁
檸檬汁…10cc
巴薩米可酒醋…20cc
橄欖油…60cc
糖…適量
鹽…適量
蒔蘿…2 公克 _ 切末

Ⅲ 裝飾

山蘿蔔葉
紅酸膜葉
紅、綠捲心
玉米苗
甜菠菜
蒔蘿

作法

| 嫩煎鮭魚

1 在鮭魚表面均勻抹鹽,再用胡椒調味,可以稍微輕拍來幫助入味。

2 鍋中放入適量的橄欖油,鮭魚放入鍋中時,要把皮面朝下,先煎至上色,過程中可以用鍋鏟壓平,讓金黃上色得更均勻一些。

3 等到發出的吱吱聲變小,就可以翻到側邊,一樣把側面的鮭魚肉面煎到均勻上色。

4 再次翻到另一側,一樣把側面的鮭魚肉面煎到均勻上色。

5 等到所發出的吱吱聲變小後,就可以把鮭魚肉片立起來,煎製最後一面。

6 在這個過程中可以用夾子輔助施壓,讓所有肉面都能煎至金黃上色,取出後放入已預熱烤箱中,以上下火200℃烤3分鐘回溫。

|| 茴香淡菜沙拉佐油醋醬汁

7 鍋中倒入1000cc的水煮滾,加入5公克的鹽,放入淡菜、海瓜子燙熟,撈出後冰鎮一下,撈出,淡菜切塊,與葡萄柚、小黃瓜、茴香頭一起放入調理盆中。

8 將檸檬汁、巴薩米可酒醋、糖、鹽、蒔蘿末及少許橄欖油一起攪拌均勻做成油醋醬汁,均勻的灑入,倒入油醋醬汁的茴香淡菜沙拉一起攪拌均勻。

||| 盛盤

9 盤中放入回溫好的鮭魚,紅、綠捲心拌入少許橄欖油及鹽巴調味後排入,再將茴香淡菜沙拉鋪在鮭魚上。

10 放上蒔蘿後,再淋上油醋醬汁即完成。

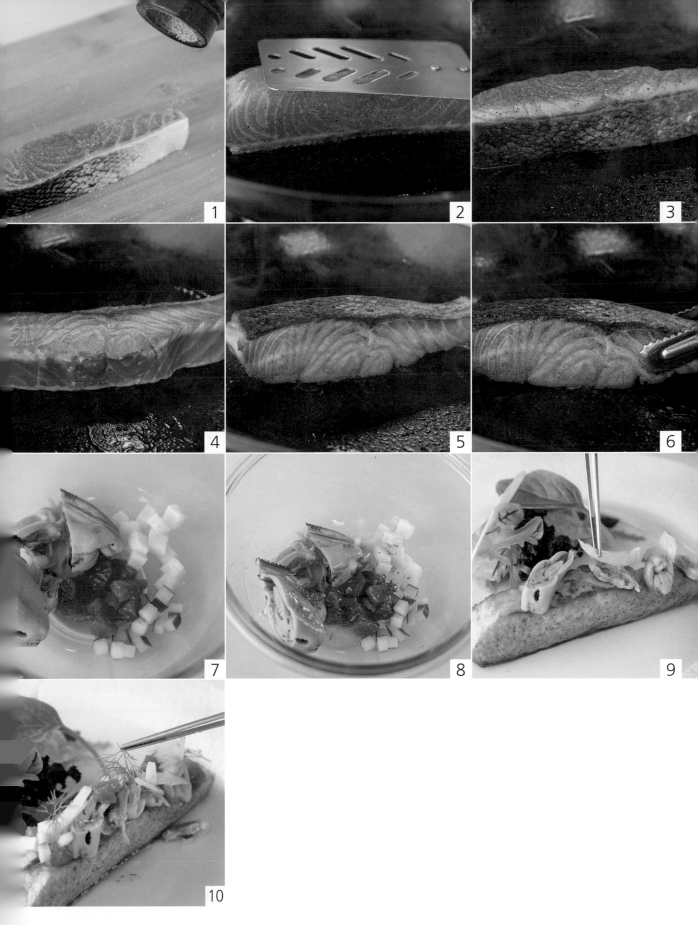

香料油封鮭魚
金桔油醋拌蒔蔬
佐酸豆荷蘭醬

Chef tips

1. 油封鮭魚後所留下的油千萬不要倒掉，可以過濾後裝瓶，之後用在炒菜上，可以增添一股香草的香氣。

2. 澄清奶油的作法，將150公克的奶油放入鍋中，煮至沸騰後轉成小火，接著奶油煮至澄清過濾即可。

材料

| 香料油封鮭魚

鮭魚…150公克
鹽…適量
黑胡椒碎…適量
大蒜…1顆
百里香…2公克
月桂葉…1片
黑胡椒粒…3公克
沙拉油…1公升

|| 金桔油醋拌蒔蔬佐酸豆荷蘭醬

橄欖油…30公克
金桔…1顆
蒔蘿…適量 _ 切碎
蛋黃…30公克

白酒醋…20cc
澄清奶油…100公克 _ 事先融化
匈牙利紅椒粉…1公克
酸豆 _ 切碎…4公克

||| 裝飾

紅蘿蔔…15公克 _ 去皮、切成5公分細條狀，汆燙至熟
綠櫛瓜片
黃櫛瓜塊
小洋蔥
蘆筍 _ 燙熟
紅酸膜葉
豌豆苗

作法

I 香料油封鮭魚

1 鮭魚去皮，均切成大約5公分寬，用鹽及黑胡椒碎調味，可以稍微輕拍來幫助入味。

2 鍋中放入大蒜、百里香、月桂葉及黑胡椒粒、沙拉油，中小火加熱到45℃後，放入鮭魚塊。

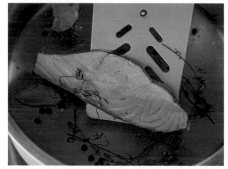

3 將油溫保持在45℃，25分鐘後即可取出，並且使用廚房紙巾將油吸乾備用。

II 金桔油醋拌蒔蔬佐酸豆荷蘭醬

4 準備好荷蘭醬汁的材料，包括：金桔、蛋黃、白酒醋、澄清奶油（詳見 p.195）、紅椒粉、酸豆碎、蒔蘿碎。

5 料理盆中先放入蛋黃及白酒醋，並且以隔水加熱的方式來進行打發。

6 緩慢的加入澄清奶油，過程中必須不斷的攪拌。

<u>7</u>　直到蛋黃與奶油乳化出現濃稠狀後，使用細的篩網過濾一次。

<u>8</u>　再陸續加入紅椒粉、酸豆碎，一起攪拌均勻。

<u>III</u> **盛盤**

<u>9</u>　再加上蒔蘿碎後，再次攪拌均勻即完成。另取一鍋，放入橄欖油，擠入金桔，將紅蘿蔔及其他裝飾蔬菜拌勻。

<u>10</u>　將鮭魚盛盤，並且在鮭魚上淋上酸豆荷蘭醬。

<u>11</u>　盤中先鋪入綠櫛瓜片，再放入炙燒過的黃櫛瓜塊、小洋蔥、紅蘿蔔絲與其他裝飾蔬菜。

<u>12</u>　放上拌勻的蔬菜，最後再淋入剩餘的金桔油醋即可。

香草粉煎午仔魚
番茄燉菜塔
佐白酒醬汁

材料

I 香草粉煎午仔魚

午仔魚菲力…1 隻〈或購買
一片〉
細麵包粉…25 公克
大蒜…5 公克 _ 切碎
巴西里…10 公克 _ 切碎
紅胡椒…3 公克
澄清奶油（詳見 p.195）…
25 公克

II 塔皮

低筋麵粉…112 公克
奶油…56 公克
蛋液…40 公克

III 番茄燉菜

西芹…5 公克 _ 切小丁
洋蔥…5 公克 _ 切小丁
紅蘿蔔…5 公克 _ 去皮、切小丁
牛番茄…25 公克 _ 用滾水汆燙
後去皮、去籽切小丁
鹽…少許

IV 白酒醬汁

乾蔥…10 公克
白酒…100cc
魚骨高湯（詳見 p.22）…100cc
蒜碎…5 公克
茴香末…10 公克

鮮奶油…75cc
鹽…2 公克

V 裝飾

蘆筍 _ 用滾水燙熟
黃櫛瓜 1 片、燙熟青花菜 1
朵、小洋蔥 1/4 個、蘑菇
1/2 個 _ 炙燒至熟

Chef tips

午仔魚的肉質細緻、油
脂豐富，也因為魚骨細
刺少而深受大眾喜愛，
在每年中秋到隔年的清
明期間有大量的魚獲，
值得細細品嚐。

作法

| 香草粉煎午仔魚

1 在市場，通常會看到一整條的午仔魚，可以請老闆先把鱗片去除，處理時先將頭部切下，刀子貼齊魚下巴中的縫隙小心劃開。

2 沿著頭弧形慢慢劃開切到底，就能順利的剖開其中一側肥美的腹肉。

3 將魚轉向，再次沿著頭弧形慢慢劃開切到底，就能順利的剖開另外一側肥美的腹肉。

4 一隻午仔魚可以取下兩片完整的魚菲力。切下的頭與魚骨可以拿來熬煮成魚高湯。

5 將魚菲力片的邊邊切除，讓每一邊能更完整。

6 接著，將魚片上的暗刺給一一拔除，這樣吃的時候更方便。

<u>7</u>　將魚菲力片切成更為方正的長
　　方形。

<u>8</u>　另一片魚菲力也同樣切成更為
　　方正的長方形。

<u>9</u>　鍋中放入1大匙橄欖油燒熱，
　　將魚菲力有皮的那一面朝下放
　　入，觀察到煎至金黃，再翻面，
　　煎至熟後取出。

<u>10</u>　食物處理機中放入麵包粉、大
　　蒜碎、紅胡椒及巴西里末。

<u>11</u>　按下開關，讓麵包粉、大蒜碎
　　及巴西里末一起混合均勻。

<u>12</u>　將攪打完成的香草粉，均勻的
　　裹在魚菲力片上，放入已預熱
　　的烤箱中，以上下火200℃烤
　　3分鐘至金黃酥脆，取出。

13　將低筋麵粉、奶油、蛋液混和均勻放置烤焙紙上擀平至0.3公分放入冰箱冷藏靜置隔夜，因此需前一天先做好。

14　將靜置一晚的塔皮取出，以直徑7公分的圓模壓出圓形。

15　放入塔模中，將邊緣多餘的塔皮切除。

16　在放入塔皮的塔模中，先鋪上一張大小適中的烘焙紙。

17　放入適量的生米，將塔皮好好的壓實著。

18　將塔皮放入已預熱的烤箱中，並以上下火200℃烘烤15分鐘。

19　烤好的塔皮取出後脫模備用。

III 番茄燉菜

20　鍋中放入適量的油燒熱，放入
　　洋蔥、西芹、紅蘿蔔末一起拌
　　炒至香味逸出。

IV 白酒醬汁 & 盛盤

21　加入牛番茄丁，一起拌炒至
　　熟，加入少許的鹽調味，即可
　　將番茄燉菜舀入塔皮中。

22　取一個乾淨的鍋，倒入少許的
　　橄欖油，放入乾蔥、蒜碎，炒
　　至香味逸出，加入白酒縮至
　　1/2，再倒入魚高繼續濃縮至
　　1/2，加入鮮奶油煮至微滾。

23　接著加入茴香末，一起攪拌均
　　勻，即可熄火。

24　盤中放上午仔魚片、擺上番茄
　　燉菜塔，再放入烤熟黃櫛瓜、
　　青花菜、小洋蔥、蘑菇，最後
　　淋上白酒醬汁即可。

烙烤比目魚
海鮮麵餃
佐番茄西西里醬汁

材料

Ⅰ 烙烤比目魚

比目魚…1 條 _ 去除內臟
鹽、黑胡椒碎、橄欖油…適量

Ⅱ 海鮮麵餃

奶油〈A〉…10 公克
鮮奶…80 公克
低筋麵粉…10 公克
洋蔥…5 公克 _ 切碎
大蒜…5 公克 _ 切碎
紅蔥頭…5 公克 _ 切碎
草蝦…20 公克 _ 去殼、切小丁

透抽…20 公克 _ 去膜、切小丁
餃子皮材料
　蛋液…30 公克
　低筋麵粉…30 公克 _ 蛋液與
　低筋麵粉揉勻製成麵餃皮，
　靜置 12 小時
起司粉…適量
奶油〈B〉…10 公克
鹽…適量
胡椒…適量

Ⅲ 番茄西西里醬汁

番茄醬汁…150 公克
酸豆…15 公克 _ 切小丁
羅勒…10 公克 _ 切細絲
奶油…1 塊

Ⅳ 裝飾

小牛血葉
豌豆苗

Chef tips

番茄醬汁

材料

番茄切塊 1500 公克、洋
蔥碎 170 公克、雞高湯
500cc、蒜頭碎 30 公克、
鹽適量

作法

鍋中加入洋蔥碎、蒜碎，
炒軟，再加入番茄‧雞
高湯，煮沸後小火慢煮
1.5-2 小時，濃縮至適當
稠度，用果汁機將醬汁
打碎過濾再回鍋，加入
鹽調味。

作法

| 烙烤比目魚 |

<u>1</u>　在市場購買比目魚時可以請老闆先把鱗片去除，處理時先將頭部切下，刀子貼齊魚下巴中的縫隙劃開。

<u>2</u>　沿著頭弧形慢慢劃開切到底，順利剖開後取出下半部肥美的腹肉。

<u>3</u>　將魚轉向，再次沿著頭弧形慢慢劃開切到底，就能順利的剖開，取出另外一側上半部肥美的腹肉。

<u>4</u>　一隻比目魚可以取下4片完整的魚菲力。切下的頭與魚骨可以拿來熬煮成魚高湯。

<u>5</u>　將魚菲力片的邊邊切除，讓每一邊能更工整。

<u>6</u>　接著，將魚片上的暗刺給一一拔除，這樣吃的時候更方便。

<u>7</u>　將魚菲力片均切為5公分的斜段。其他魚菲力也同樣切成更斜段。

<u>8</u>　切好的比目魚魚片放入盤中，用鹽、黑胡椒碎調味，加入少許橄欖油抹勻。

‖ 海鮮麵餃

<u>9</u>　先以烙烤鍋烙出紋路，再放入已預約好的烤箱中，以上下火200℃烘烤3分鐘至熟，取出備用。

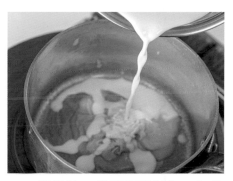

<u>10</u>　將奶油、低筋麵粉炒勻，加入80公克鮮奶。

<u>11</u>　將白醬炒勻，此時的火力不能太大，以免一下就焦鍋。

<u>12</u>　將白醬炒至這樣的濃稠度就可以熄火，並將其取出。

13 鍋中放入少許的橄欖油，倒入
洋蔥碎、蒜碎、紅蔥頭碎炒香
再加入草蝦及透抽炒熟調味炒
勻。

14 最後拌入奶油白醬一起攪拌均
勻，取出後待冷卻，再裝入擠
花袋中，做成餡料。

15 麵皮取出後，再慢慢擀薄後，
切成長寬約5公分的正方形。

16 在麵皮上一一塗上蛋液（分量
外），再分別擠上餡料。

17 先將對角兩側的麵皮捏合，再
將另兩側的麵皮捏合。

18 其他的麵餃也一一的捏合，在
捏合完成的麵餃上，撒上適量
的起司粉，放入滾水中煮3分
鐘直到全熟，取出。

<u>19</u> 鍋中放入麵餃、奶油〈B〉及 30公克鮮奶油。

<u>20</u> 均勻的拌炒後以鹽及胡椒調味即可取出。

III 番茄西西里醬汁

<u>21</u> 鍋中先放入番茄醬汁、酸豆丁、羅勒絲。

<u>22</u> 再放入奶油塊，一起攪拌均勻。

<u>23</u> 煮滾後，熄火取出即為番茄西西里醬。

<u>24</u> 先將比目魚放入盤中，在側邊放上麵餃最後淋上醬汁，以小牛血葉、豌豆苗裝飾即完成。

紙包香草鱸魚
菲力佐蒔蔬

Chef tips

蒸氣烤箱的原理是透過水蒸氣加熱，來保留住食材水分，就能有效避免食物過乾或過焦。如果沒有蒸烤箱，而使用一般烤箱，就必須確實做好顧爐的動作，以免烤過頭。

材料

捷克馬鈴薯…1顆
綠櫛瓜…8公克 _ 切絲
紅蘿蔔…8公克 _ 切絲
洋蔥…10公克 _ 切絲
鱸魚菲力…1片 _ 切半
海瓜子…3顆
淡菜…3顆
茴香頭…1顆 _ 切絲
茴香酒…5cc
橄欖油…5cc
粗鹽…適量

作法

<u>1</u>　捷克馬鈴薯洗淨後，水煮到熟，撈出、切成圓薄片。

<u>2</u>　將切好的馬鈴薯圓薄片，整齊的排入剪成圓形的烘焙紙上。

<u>3</u>　鍋中放入放入綠櫛瓜絲、紅蘿蔔絲、洋蔥絲，並倒入適量的橄欖油（分量外）。

<u>4</u>　將綠櫛瓜絲、紅蘿蔔絲、洋蔥絲拌炒到香味逸出，即可取出。

<u>5</u>　在馬鈴薯圓薄片，平均的放上鱸魚菲力。

<u>6</u>　再鋪上炒好的綠櫛瓜絲、紅蘿蔔絲、洋蔥絲，擺上海瓜子及淡菜。

<u>7</u>　接著，放入茴香頭絲。

<u>8</u>　淋上茴香酒及橄欖油。

<u>9</u>　最後，撒上粗鹽調味。

<u>10</u>　將烘焙紙對折成半心形。

<u>11</u>　再將邊緣往內捲緊。

<u>12</u>　即可放入容器中，並使用蒸氣烤箱以100℃蒸15分鐘至魚肉熟透即可取出，取出後從烤盤紙上方剪十字開口後即可。

粗鹽烤鯛魚
時蔬佐青醬

Chef tips

鹽烤鯛魚可以吃到各部分軟嫩的肉質，新鮮度也完整呈現，加入打發的蛋白與粗鹽混合不僅能將魚包裹得更嚴實，烤熟後敲開來的瞬間，更有著拆禮物的驚喜。

材料

Ⅰ 粗鹽烤鯛魚

鯛魚…1 條
橄欖油…25 公克
蛋白…200 公克
粗鹽…2.5 公斤

Ⅱ 時蔬

紅蘿蔔…1/8 根 _ 削成橄欖形
黃櫛瓜…1/4 根 _ 削成橄欖形
綠櫛瓜…1/4 根 　削成橄欖形
奶油…10 公克
鹽…10 公克

Ⅲ 青醬

羅勒葉…20 公克
大蒜…5 公克
起司粉…10 公克
橄欖油…30 公克

作法

1　將鯛魚的內臟去除，清洗乾淨後，把水分擦乾，塗上一層橄欖油。

2　蛋白打發後過篩。

3　將打發的蛋白分次加入一半粗鹽中拌勻，直到用手捏起後，會殘留些許鹽巴在手上即完成。

4　在烤盤底部先撒上剩餘的粗鹽，整型為一隻魚的形狀。

5　放上鯛魚後，上面覆蓋一層蛋白粗鹽，厚度大約在1公分，整體厚度要一致。

6　緊緊壓實，尾巴的部分也要裹上鹽，這樣烤出來的形狀會更加完整。

7　先將烤箱預熱，以上下火220℃
　　烘烤約30-40分鐘，烘烤到最
　　後15分鐘要顧爐，以免出現烤
　　過頭的情況。

8　等到烘烤時間到了，將烤鯛魚
　　取出，魚上的鹽塊以肉錘棒敲
　　打出裂縫。

時蔬

9　撥開鹽塊後即可取出鯛魚，當
　　然也可以整盤魚端上桌。

10　鍋中放入紅蘿蔔橄欖、黃櫛瓜
　　橄欖、綠櫛瓜橄欖燙熟後，放
　　入冰水中冰鎮，取出後擦乾水
　　分，再以煮滾的奶油燴煮後加
　　鹽調味。

青醬

11　調理器中放入羅勒葉、大蒜、
　　起司粉、一半的橄欖油。

12　啟動機器攪打，過程中繼續慢
　　慢加入橄欖油，攪打至適當濃
　　稠度，搭配魚肉一起食用，口
　　感滿分。

清蒸紅條魚
晚香玉筍
佐蛤蜊醬汁

材料

I 清蒸紅條魚

紅條魚…120 公克
鹽…15 公克
水…500cc

II 晚香玉筍佐蛤蜊醬汁

晚香玉筍…2 根 _ 剝葉去皮修尖
蛤蠣肉…25 公克
魚高湯（詳見 p.22）…100cc
玉米粉…5 公克
奶油…25 公克
檸檬汁…10cc

III 奶油米

蝦夷蔥…15 公克 _ 切碎
長米…適量

油漬番茄

檸檬汁…適量
鹽…適量
小番茄…30 公克
大蒜…2 顆 _ 切片
百里香…2 公克
黑胡椒粒…2 公克
橄欖油…200cc

Chef tips

蒸的方式是最容易吃出食材原味的好方法，蒸魚時記得在要入鍋蒸時才抹鹽，可以避免魚肉一蒸即變老。

作法

｜清蒸紅條魚

1　紅條魚放入以鹽15公克：水500CC 調製而成的鹽水中浸泡20分鐘，取出後擦乾水分，先將頭部用剪刀剪下。

2　刀子沿著頭弧形貼齊魚下巴中的縫隙劃開，慢慢劃開切到底。

3　慢慢剖開，避免劃到骨頭的地方。

4　等劃到底部時，就可以完美取出一邊的肥美腹肉。

5　將魚轉向，再次沿著頭弧形慢慢劃開切到底。

6　也可以藉由剪刀，用剪的方式來剖開。

7 如此，就可以順利取出另外一側肥美的腹肉。切下的頭與魚骨可以拿來熬煮成魚高湯。

8 接著，將魚片上的暗刺給一一拔除，這樣吃的時候能夠更方便。

9 將魚片的邊邊切除，讓每一邊能更工整，並切成長條狀。

10 取其中一片魚片，有皮面的那一側，從底部往上劃開，不要切斷，將魚肉往左右攤開，魚皮在左右兩側。

11 在魚肉上，平均切上幾刀不切斷，如此可以加速魚肉更快蒸熟。

12 在魚肉上抹上橄欖油（分量外）。將紅條魚放入蒸鍋中，以80℃蒸2分鐘後熄火靜置，再開火2分鐘，如此反覆操作3次即完成。

|| 晚香玉筍佐蛤蜊醬汁

13 將熬煮好的魚高湯過濾。建議使用較細的濾網，可以將殘渣浮沫濾得更乾淨。晚香玉筍洗淨，用奶油水煮2分鐘至熟，取出備用。

14 魚的湯汁煮縮至1/2的量，加入玉米粉水勾芡。

15 蛤蜊放入蒸烤箱以100℃蒸3分鐘，冷卻後取出蛤蜊肉，放入湯汁中一起攪拌均勻。

16 加入奶油，攪拌均，一起煮至奶油完全融化，並加入檸檬汁加以調味。

17 再加入切碎的蝦夷蔥。

18 將所有材料攪拌均勻後即可熄火。

19　淋在蒸好的紅條魚肉。

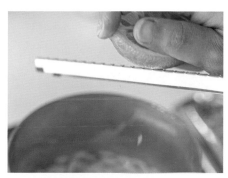

20　將米洗淨後，放入鍋中，加入水、奶油一起煮至奶油融化。

21　使用刨刀，將檸檬皮刨出碎屑後加入。

22　再加入切碎的蝦夷蔥，一起煮至奶油完全融化，香味逸出。

23　小番茄放入鍋中，加入大蒜片、百里香、黑胡椒粒及橄欖油、檸檬汁、鹽，以90℃油溫煮約50分鐘即可取出。

24　將所有食材排入盤中，最後淋上蛤蜊醬汁即完成。

酥炸魚條、醃漬蔬菜
佐塔塔醬

材料

Ⅰ酥炸魚條

鱸魚菲力…2片
味水（詳見p.23）…1公升
墨西哥香料…適量
高筋麵粉…25公克
全蛋…1顆
粗麵包粉…25公克

Ⅱ醃漬蔬菜佐塔塔醬

洋蔥…125公克 _ 切碎
酸豆…25公克 _ 切碎

酸黃瓜…10公克 _ 切碎
水煮蛋…10公克 _ 切碎
美乃滋…公克
檸檬汁…5cc
白蘿蔔…15公克 _ 切滾刀
紅蘿蔔…15公克 _ 切滾刀
小黃瓜…15公克 _ 切滾刀
糖…70公克
水…50cc
白酒醋…50cc

事前準備：紅、白蘿蔔及小黃瓜用滾水燙5分鐘取出，泡入以糖、水、白酒醋調製的醃漬液中泡隔夜即完成。

Chef tips

炸魚所選用的魚，白肉魚尤其適合，而放入油鍋後把魚條炸熟可先取出，把油溫拉高到180℃以上，再次放入約15-20秒，就能呈現好吃的金黃色。

作法

| 酥炸魚條

1 鱸魚菲力修成長條型，並泡入味水2小時，取出，將水分吸乾。

2 在魚條上撒上墨西哥香料，抓拌至入味。

3 將所有魚條，一一裹上高筋麵粉、全蛋液、粗麵包粉，略微壓實。

4 放入160℃油鍋中，把魚條炸到熟，先取出，此時再把油溫拉高到180℃以上，再次放入15-20秒，炸出金黃色，可加入少許九層塔，味道會更香。

| 酥炸魚條

5 調理盆中放入洋蔥碎、酸豆碎、酸黃瓜碎、水煮碎、以及檸檬汁、美乃滋。

6 將所有材料攪拌均勻後即完成，佐魚條一起吃，更加美味。

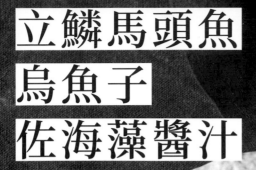

立鱗馬頭魚
烏魚子
佐海藻醬汁

Chef tips

1. 如果手邊沒有測溫器又想測試油溫的話，可以將洋蔥皮放入油鍋中，如果洋蔥立即變金黃，則油溫為 180℃。
2. 切下的頭與魚骨可以拿來熬煮成魚高湯。

材料

立鱗馬頭魚

帶鱗馬頭魚…1 隻
味水（請見 p.23）…1 公升

烏魚子佐海藻醬汁

烏魚子…35 公克
高粱酒…20cc
珍珠麵…50 公克
蝦高湯…100 公克
奶油…40 公克
蝦夷蔥…20 公克 _ 切碎
玉米粉水…5cc
海藻…5 公克
鹽…適量

裝飾

孢子甘藍 1 顆 _ 剝成片狀，以奶油水汆燙過
小紫洋蔥 1/2 個 _ 煎熟展開
豌豆苗

作法

| 立鱗馬頭魚

1　處理碼頭魚時，可以先用剪刀把頭的部分剪下。改用刀子貼齊魚下巴中的縫隙劃開，慢慢劃開切到底，順利剖開後取出一側腹肉。

2　將魚轉向，再次沿著頭弧形慢慢劃開切到底，就能順利的剖開，取出另外一側肥美的腹肉。

3　將魚片的邊邊切除，讓每一邊能更完整。

4　將魚片切成所需要的大小。

5　接著，將魚片上的暗刺給一一拔除，這樣吃的時候能夠更加方便。

6　魚片放在瀝油架上，放在熱油上方，用鍋杓舀適量的油，以鱗面向下的方式，油淋至金黃色。如果是第一次操作的人，一定要做好防護措施，以免被油噴濺。

<u>7</u>　重複舀油澆淋到魚肉上的動
　　作。

<u>8</u>　澆淋時，儘量貼著魚肉上方，
　　如果距離太遠，油就會噴濺得
　　更多。

<u>9</u>　直到魚肉上的魚鱗出現漂亮的
　　金黃。

<u>10</u>　即可將魚肉靜置在滴油架上，
　　讓多餘的油能順利滴落，再放
　　入已預熱烤箱以上下火200℃
　　烤3分鐘，即可取出備用。

‖ 烏魚子佐海藻醬汁

<u>11</u>　烏魚子去除外膜，取一個鍋子
　　倒入高粱酒點火，烏魚子用夾
　　子夾住，直接放在火上烘烤。

<u>12</u>　邊烤邊轉動，直到出現焦色且
　　香味逸出，時間大約5分鐘至
　　金黃即可熄火。

13 珍珠麵先以水煮方式煮到7-8分熟。

14 繼續加入 1/2 的奶油塊及蝦夷蔥末一起煮熟即可。

15 將蝦高湯煮到濃縮1/2，加入玉米粉水勾芡後，加入泡水後吸乾切碎的海藻及剩下的奶油一起拌勻。

16 直到奶油完全融化，就可加入鹽調味。

17 將所有食材全部排入盤中，並且將烏魚子刨在上方。

18 最後將醬汁淋上即完成。

三色蔬菜鱗片
煎鱸魚
佐番紅花醬汁

Chef tips

煎魚的重點在於鍋要熱，入鍋煎時不要頻頻翻動，待上層顏色略呈金黃，翻面再煎即可。如此就可以做出肉質細密又完整的魚肉料理。

材料

Ⅰ 三色蔬菜鱗片煎鱸魚

鱸魚菲力⋯1 片
味水（詳見 p.23）⋯1 公升
黃櫛瓜⋯25 公克 _ 刨成薄片，壓出
圓片狀燙熟冰鎮
綠櫛瓜⋯25 公克 _ 刨成薄片，壓出
圓片狀燙熟冰鎮
紅蘿蔔⋯25 公克 _ 刨成薄片，壓出
圓片狀燙熟冰鎮
橄欖油⋯100cc

Ⅱ 番紅花醬汁

洋蔥⋯10 公克 _ 切絲
百里香⋯2 公克
番紅花絲⋯0.5 公克
白酒⋯60cc

魚骨高湯（詳見 p.22）⋯100cc
鮮奶油⋯50cc
檸檬汁⋯5cc
鹽⋯2 公克

Ⅲ 其他

南瓜⋯150 公克 _ 用電鍋蒸軟，打成泥
蒔蘿⋯50 公克 _ 汆燙冰鎮後吸乾水分

Ⅳ 裝飾

青花菜⋯1 朵 _ 燙熟
豌豆苗⋯適量
石竹⋯1 朵
蒔蘿、迷你甜菜根片⋯各適量

作法

I 三色蔬菜鱗片煎鱸魚

1 鱸魚菲力先修整成長方片，並且泡入味水中 2 小時後，取出，並且把水分吸乾。

2 用黃、綠櫛瓜及紅蘿蔔所壓出的圓片燙熟冰鎮後，取出，如鱗片般的排在烘焙紙上，放入冰箱定形。

3 在鱸魚菲力上，均勻的抹上適量的橄欖油。

4 再將三色蔬菜鱗片完整覆蓋在魚肉上排上，略微壓實。

5 在魚片下墊上一張烘焙紙，在三色蔬菜鱗片上均勻的抹上橄欖油。

6 鍋中放入適量的油燒熱後，將三色蔬菜鱗片面朝面烘焙紙朝上放入，表面煎至金黃，取出後移入已預熱烤箱中以上下火 200℃烤 3 分鐘，取出備用。

II 番紅花醬汁

7 鍋中放入少許的橄欖油加熱，再放入洋蔥絲、百里香、番紅花略煮。

8 加入白酒後煮至濃縮，再加魚骨高湯煮至湯汁變濃。

9 最後加入鮮奶油、檸檬汁、鹽，並把火力改成小火，慢煮至醬汁變橘黃色，熄火之後。

10 將渣滓過濾。蒔蘿與橄欖油放入均質機中均質，冷藏一夜過濾。

11 盤中先抹上蒔蘿油。

12 再依序放入所有食材以及裝飾菜，淋入醬汁即完成。

奶油煎波士頓龍蝦
炒茴香頭
佐龍蝦醬汁

材料

I 奶油煎波士頓龍蝦

波士頓龍蝦…1隻
奶油…20公克
白醋…適量
橄欖油…10cc

II 炒茴香頭佐龍蝦醬汁

蝦殼…170公克
橄欖油…40公克
洋蔥…60公克 _ 切絲
西芹…40公克 _ 切絲
番茄糊…40公克
番茄…2顆 _ 切塊

茴香頭…10公克 _ 切絲
乾蔥…2顆 _ 切片
白蘭地…適量
魚骨高湯（詳見 p.22）…1公升
鹽…10公克
胡椒…5公克

III 裝飾

白花椰菜…2朵 _ 烤熟
綠花椰菜…1朵 _ 燙熟
牛奶…適量

Chef tips

海鮮類的食材汆燙過久，肉質會因為過熟而老化，所以要避免入鍋汆燙的時間過長，取出後用冰水降溫就能保持彈牙口感。

作法

| 奶油煎波士頓龍蝦

1　取一個大鍋，鍋中放入八分滿的水可以淹沒整隻龍蝦，開火把水煮滾，把龍蝦放入，再加入白醋，並且將龍蝦放入，汆燙約2分鐘，取下螯續煮約1分鐘，取出。

2　將龍蝦浸泡在冰水中降溫，以確保彈牙口感。

3　拆卸龍蝦時，先將龍蝦的頭直接拔開。

4　用剪刀剪除龍蝦的消化腺，再剪成大小一致的塊狀。

5　先用手擠壓一下龍蝦尾的兩邊，如此一來可以破壞龍蝦的關節，把腹部那一面朝上，用剪刀從腹部左右兩側的膜跟背殼的交接處剪開。

6　再把腹部的薄膜，往尾部的方向拉開。

<u>7</u>　如此就可以將龍蝦尾的肉，完
　　整的抽出來。

<u>8</u>　抽出完整的龍蝦尾肉，殼先放
　　在一旁，不要丟棄。

<u>9</u>　扭轉螯的關節處，將螯分成兩
　　半，小心剪開大螯夾的殼。

<u>10</u>　就能完整取出螯中的龍蝦肉。

<u>11</u>　或者也可以選擇使用肉錘，把
　　殼給敲裂。

<u>12</u>　把殼敲裂後，就可以輕易的把
　　肉給抽離出來。

<u>13</u>　剩下的肢節可以先掰斷。

<u>14</u>　再使用剪刀把殼的地方剪開。

<u>15</u>　從剪斷的地方用力掰開，就可以取出完整的蝦肉。

<u>16</u>　完整取出蝦肉後，剩下殼不要丟棄。

<u>17</u>　平底鍋加入奶油燒融，放入百里香及龍蝦肉，用小火慢煎。

<u>18</u>　過程中以澆淋的方式，把蝦肉煎至金黃上色，即可取出，擺入盤中。

II 炒茴香頭佐龍蝦醬汁

<u>19</u>　鍋中放入橄欖油燒熱，倒入蝦殼、乾蔥片以中小火炒至香味逸出。

<u>20</u>　繼續加入茴香頭絲、洋蔥絲、西芹絲、番茄糊一起拌炒均勻。

<u>21</u>　再倒入適量的白蘭地一起拌炒均勻。

<u>22</u>　最後倒入魚骨高湯蓋過蝦殼以大火煮滾，改成中小火一起熬煮1小時。

<u>23</u>　將湯汁過濾後，繼續煮至濃縮到呈現濃稠，加入鹽及胡椒調味。

<u>24</u>　牛奶加熱後使用奶泡機打至有綿密氣泡。將所有材料排入盤中，淋上醬汁及奶泡即完成。

櫛瓜編織鱸魚慕斯捲
紅蘿蔔燉蛋
佐紅椒醬汁

材料

I 櫛瓜編織鱸魚慕斯捲

鱸魚…150 公克 _ 去皮
蛋白…50 公克
鹽…4 公克
鮮奶油…50cc
綠花椰菜…40 公克 _ 取花蕊、汆
燙後、擦乾水分,切細
胡椒…2 公克
黃櫛瓜…1 條_刨成0.1公分薄片,
燙熟、冰鎮、取出擦乾水分
綠櫛瓜…1 條_刨成0.1公分薄片,
燙熟、冰鎮、取出擦乾水分

II 紅蘿蔔燉蛋

洋蔥…40 公克 _ 切絲
紅蘿蔔…80 公克 _ 切片
魚骨高湯…250cc
鮮奶油…60cc
全蛋…1 顆

III 紅椒醬汁

紅椒…1/2 顆 _ 切片
洋蔥…30 公克
水…250cc
鮮奶油…45cc

IV 裝飾

夏堇
石竹
豌豆苗
小牛血菜

Chef tips

鱸魚慕斯捲主要是把魚打成泥狀,加入蛋白跟鮮奶油,讓整體口感呈現有如豆腐般,包捲的不僅僅是魚肉,同時也把魚的鮮甜滋味一起保留在料理之中。

作法

| 櫛瓜編織鱸魚慕斯捲

1 鱸魚切成條狀放入調理機中，先加入蛋白，再加入鹽調味後一起打成泥打至出筋後使用。

2 打至均勻後，將魚泥取出。放入細篩網中過篩。過程中需要一點時間，才能將魚泥完全篩畢。

3 將裝有魚泥的鋼盆，隔著冰塊，分次拌入鮮奶油。

4 在加入鮮奶油的過程中，一定要分次，在魚泥慢慢的吸收後，再繼續倒入鮮奶油一起攪拌成魚泥慕絲後，均分成二份。

5 其中一半的慕絲，加入切細的綠花椰菜蕊，裝入擠花袋中做成綠慕斯備用。

6 砧板先鋪上一層保鮮膜，將另一半的慕絲，同樣裝入裝入擠花袋中，並剪一個小洞，均勻的劃上約15公分的條狀，大約12條。

7　用抹刀將慕絲均勻的抹開，要
　　注意厚薄需一致。

8　接著，將魚菲力條以間隔1公
　　分的距離，放在慕斯上，魚菲
　　力之間的間隔處填上綠慕斯。

9　拉起保鮮膜，從靠近身體一側
　　向上捲起到底，按壓兩旁的保
　　鮮膜，讓形狀能更為工整，以
　　水溫80℃舒肥隔水加熱煮約
　　13分鐘，取出。

10　取一張烘焙紙或保鮮膜墊底，
　　先工整鋪上綠櫛瓜片，再將黃
　　櫛瓜片以一上一下橫向方式穿
　　過綠櫛瓜，第二片黃櫛瓜以一
　　下一上的方式，穿過綠櫛瓜，
　　直至全部編完。

11　將塑形好的魚泥慕斯去除保鮮
　　膜，放在編織好的櫛瓜上，拉
　　著烘焙紙，往上捲起到底，將
　　收口朝下。

12　將定型好的櫛瓜編織鱸魚慕斯
　　捲均切成2等分。

13　切時，儘量垂直下刀，不要以拉踞的方式，就可以切出漂亮的切面。

14　鍋中放入適量的橄欖油（分量外）燒熱，放入洋蔥絲炒香，再加入紅蘿蔔片炒軟，倒入魚骨高湯蓋過紅蘿蔔煮軟。

15　將材料以攪打器打成泥，再加入全蛋、鮮奶油、鹽一起攪拌均勻。

16　直徑7公分的圓模包覆鋁箔紙後，將過濾好的蛋液倒入。

17　以隔水加熱的方式，在上面蓋上鋁箔紙，烤箱以160℃蒸烤30-40分鐘，烤熟後使用小刀脫模。

18　將蒸好的紅蘿蔔燉蛋放涼，以直徑5公分的圓模壓出圓形的紅蘿蔔燉蛋。

III 紅椒醬汁

19 將所需的部分取出，放在烘焙紙上備用。

20 紅椒熱油下鍋，炒出紅油，加熱洋蔥絲炒香，倒250cc的水蓋過紅椒煮軟。

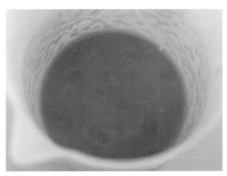

21 攪打成泥。

22 將打成泥狀的紅椒醬汁過篩。

23 最後加入鮮奶油一起攪拌均勻即完成。

24 將所有食材擺盤，放上裝飾蔬菜，最後淋上醬汁即完成。

舒肥嫩鮭魚干貝海鮮
慕斯、薯絲餅夾心
佐檸檬奶油醬汁

Chef tips

鱸魚慕斯卷主要是把魚打成泥狀，加入蛋白跟鮮奶油，讓整體口感呈現有如豆腐般，包捲的不僅僅是魚肉，同時也把魚的鮮甜滋味一起保留在料理之中。

材料

I 舒肥嫩鮭魚干貝海鮮慕斯

鱸魚菲力⋯150公克
蛋白⋯50公克
鹽⋯3公克
鮮奶油⋯45公克
綠花椰菜⋯30公克 _ 取花蕊、汆燙後、擦乾水分，切細
鮭魚⋯50公克
干貝⋯1顆

II 薯絲餅夾心

馬鈴薯⋯1個 _ 去皮、切細絲
蒜頭⋯10公克 _ 切碎
荳蔻粉⋯1公克
鹽⋯1公克

牛番茄⋯1顆 _ 去皮去籽、切小丁
洋蔥⋯10公克 _ 切碎

III 檸檬奶油醬汁

魚骨高湯（詳見 p.22）⋯100cc
檸檬汁⋯1/2顆
奶油⋯15公克
鹽⋯1公克
牛番茄⋯1/2顆 _ 去皮去籽、切小丁
巴西里 _ 切碎

IV 裝飾

迷你紅蘿蔔 _ 汆燙至熟
蘆筍 _ 汆燙至熟
豌豆苗⋯適量

作法

｜舒肥嫩鮭魚干貝海鮮慕斯

__1__　鱸魚切成塊狀，將魚塊放入調理機中，先加入蛋白，再加入鹽調味後一起打成泥後使用。

__2__　打至均勻後，將魚泥取出。放入細篩網中過篩。過程中需要一點時間，才能將魚泥完全篩畢。

__3__　將裝有魚泥的鋼盆，隔著冰塊，分次拌入鮮奶油。

__4__　在加入鮮奶油的過程中，一定要分次，在魚泥慢慢的吸收後，再繼續倒入鮮奶油一起攪拌成魚泥慕絲。

__5__　再加入綠花椰菜蕊，裝入擠花袋中做成綠慕斯備用。

__6__　砧板先鋪上一層保鮮膜，將擠花袋剪一個小洞，均勻的劃上約15公分的條狀，大約16條。

7 用抹刀將慕絲均勻的抹開，要
注意厚薄需一致。

8 接著，將干貝切片。

9 鮭魚去皮後，切成兩片大小、
厚薄一致的片狀。

10 先取一片鮭魚，放在綠慕斯
上，再平均放上兩片干貝片，
最上面再放上一片鮭魚。

11 拉起保鮮膜，從靠近身體一側
向上捲起到底。

12 按壓兩旁的保鮮膜，讓形狀能
更為工整。

13 以水溫90℃舒肥，以隔水加熱的方式煮約13分鐘，取出。

14 先切除前面一小段，再均切。切時，儘量垂直下刀，不要以拉踞的方式，就可以切出漂亮的切面。

II 薯絲餅夾心

15 馬鈴薯絲拌入一半蒜碎、荳蔻粉、鹽靜置15分鐘。在平底鍋中放入少許橄欖油及馬鈴薯絲，先將一面煎至金黃。

16 翻面，繼續將另一面煎至金黃。

17 兩面都煎至金黃，取出、切割成4×6公分大小，可切出兩塊。

18 鍋中放入少量的橄欖油燒熱，放入剩餘的蒜碎及洋蔥碎炒香，加入牛番茄炒軟，用鹽調味。

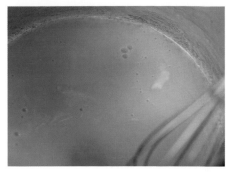

19 將炒好的番茄洋蔥取出，均勻
的抹在薯絲餅上後夾起。

20 鍋中先放入魚骨高湯，煮至濃
縮到 1/2 的量，加入檸檬汁及
奶油乳化，加入鹽調味。

21 加入牛番茄丁以小火煮滾。

22 加入巴西里碎後攪拌均勻。

23 盤中依序擺放上所有食材，最
後淋上醬汁即完成。

低溫干貝、南瓜泥
鮭魚卵佐香檳慕斯醬汁

Chef tips

干貝以淡黃色帶有光澤,外形呈現不規則狀,且剖面會有一絲絲的垂直條紋為佳,新鮮的干貝聞起來帶有鮮味,若帶有腐臭味的干貝則要避免購買。

材料

I 低溫干貝、南瓜泥

白酒…60公克
乾蔥…50公克 _ 切片
黑胡椒…2公克
魚骨高湯(詳見 p.22)…100公克
鮮奶油…120cc
干貝…2顆 _ 生食級別
細香蔥…10公克 _ 切碎
蛋黃…3顆 _ 以舒肥棒64度煮40分鐘
香檳醋…50cc
澄清奶油(詳見 p.195)…160公克
南瓜…60公克 _ 切薄片,用電鍋蒸熟
奶油…20公克
鹽…2公克

II 裝飾

鮭魚卵…30公克
球芽甘藍…適量 _ 燙熟

作法

| 低溫干貝、南瓜泥

1 鍋中放入白酒、乾蔥、黑胡椒以小火煮縮到剩 1/3 的量，加入 1/2 的魚骨高湯後再縮至 1/3 時，加入鮮奶油調味。

2 此時用測溫器測溫，讓溫度降溫到 60℃。

3 放入去除貝柱的干貝，並保持這樣的溫度，讓干貝以低溫的方式泡熟，時間大約 8 分鐘。

4 加入細香蔥，後攪拌均勻。

5 即可先將干貝從鍋中取出。

6 蛋黃放入舒肥機中，以隔水加熱方式，溫度設定在 65℃，時間設定 30 分鐘。

7　將舒肥過的蛋黃取出，倒入調
　　理盆中。

8　慢慢、分次加入香檳醋汁、打
　　發。

9　為了讓操作更順利，可以在調
　　理盆下加上一條毛巾固定，在
　　邊攪拌邊倒香檳醋汁時，能更
　　順利。

10　接著在打發的蛋黃中分次打入
　　　澄清奶油，再打至濃稠即可。

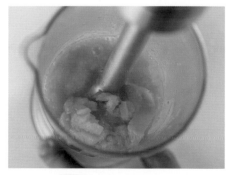

11　南瓜加入奶油炒軟後，加入剩
　　　下的魚骨高湯，使用均質機打
　　　細後過篩加鹽調味。

12　將所有材料排入盤中，最後淋
　　　上醬汁即完成。

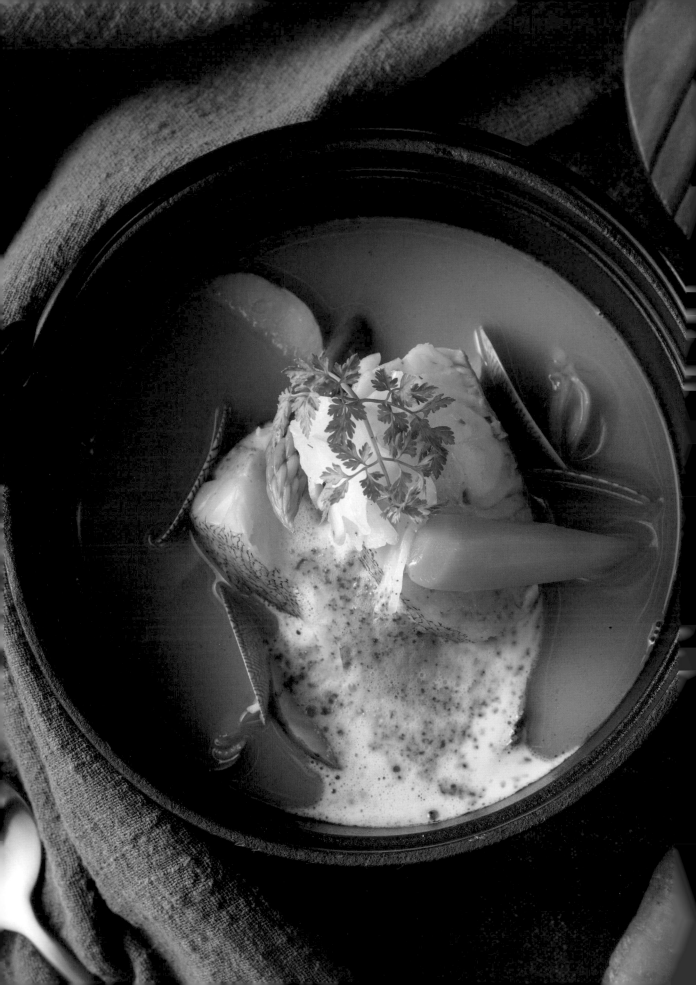

低溫紅條夾鮮蝦慕斯
佐馬賽海鮮湯

材料

I 低溫紅條夾鮮蝦慕斯

紅條魚…1 隻
味水（詳見 p.23）…500cc
草蝦…80 公克 _ 剝殼，蝦殼留下，
去除腸泥
鹽…1 公克
蛋白…10 公克
鮮奶油…8cc

II 馬賽海鮮湯

草蝦殼…140 公克
鱸魚…250 公克 _ 鱸魚取出骨，切
成塊狀
草蝦肉…130 公克

橄欖油…15cc
洋蔥…30 公克 _ 切成細絲
西芹…30 公克 _ 切成細絲
茴香頭…30 公克 _ 切成細絲
牛番茄…2 顆 _ 切成塊狀
番紅花絲…3 公克
茴香酒…10cc
白蘭地…10cc
魚高湯…2 公升
馬鈴薯…2 顆 _ 切成大塊
海瓜子…10 顆
胡椒…2 公克
鹽…2 公克

III 裝飾

迷你紅蘿蔔 _ 燙熟
蘆筍 _ 燙熟
鮮奶慕斯…適量

Chef tips

製作魚慕斯卷主要是把
魚打成泥狀，加入蛋白
跟鮮奶油，讓整體口感
呈現有如豆腐般，包捲
的不僅僅是魚肉，同時
也把魚的鮮甜滋味一起
保留在料理之中。

作法

| 低溫紅條夾鮮蝦慕斯

1 　將紅條魚頭部切下，刀子沿著頭弧形慢慢劃開切到底，剖開取出肥美的腹肉菲力，裁切成要使用的大小，泡入味水 30 分鐘，取出、吸乾。

2 　將 80g 的草蝦肉用均質機打成泥狀，再加入鹽、蛋白、鮮奶油一起打均勻，放入擠花袋中做成鮮蝦慕斯。

3 　將鮮蝦慕斯均勻的擠在切好的魚菲力上。

4 　覆蓋上另一片魚菲力，再用保鮮膜包緊。

5 　放入水溫 80℃的熱水中舒肥加熱，時間大約煮 15 分鐘，即可取出，對半切再去除保鮮膜。

|| 馬賽海鮮湯

6 　熱鍋下油，爆炒蝦殼，鱸魚頭、鱸魚骨，炒至金黃，再放入鱸魚肉、蝦肉拌炒，直到炒出香味。

7 　起另一支手鍋，倒入橄欖油燒熱，放入洋蔥、西芹、茴香頭、番茄、番紅花絲，炒出香味。

8 　將蝦殼，鱸魚頭、鱸魚骨等炒香的食材倒入覆蓋在上面一起拌炒，開大火嗆入白蘭地、茴香酒，加入魚高湯。

9 　熬煮約 1 小時以上後，將馬賽海鮮湯過濾。

10 　取一深鍋，放入馬鈴薯、海瓜子，先倒入一半的海鮮湯煮熟，用鹽、胡椒調味。

11 　放入所有食材，再將剩下的魚湯倒入。

12 　最後加入用蒸氣打發的鮮奶慕斯即完成

鮮干貝鑲明蝦
蔬菜千層凍佐海膽醬汁

材料

I 鮮干貝鑲明蝦

干貝…80公克
蛋白…5公克
鮮奶油…10公克
明蝦…2隻 _ 去殼、去除腸泥

II 蔬菜千層凍

紅甜椒…1/2顆 _ 去籽,用噴
槍炙燒變黑,洗淨裁長片狀
黃甜椒…1/2顆 _ 去籽,用噴
槍炙燒變黑,洗淨裁長片狀

白蘿蔔…20公克 _ 去皮,裁成片狀
山苦瓜…20公克 _ 去籽,裁成片狀
牛番茄…半顆 _ 去籽,裁成片狀
高麗菜…40公克 _ 去梗,放入滾水
中煮軟
紅蘿蔔…30公克 _ 去皮,切塊
西芹…30公克 _ 去皮,切段
洋蔥…30公克 _ 去皮,切塊
水…500公克
百里香…1支
吉利丁…3片 _ 用冷水泡軟
奶油…適量

III 海膽醬汁

紅蔥頭…60公克
_ 切成圓片
白酒…50公克
水…50公克
鮮奶油…20公克
鹽…10公克
海膽醬…5公克

IV 裝飾醬汁

巴薩米克醋膏

Chef tips

選購鮮蝦時,蝦殼一定
要透明的像玻璃狀,且
蝦頭不會隨便晃動,蝦
的肢體完整,且帶有亮
麗光澤者為佳,此外,
肉質摸起來有彈性、清
爽而不粘滑者表示新
鮮。

作法

｜鮮干貝鑲明蝦

1　將干貝放入均質機中攪至泥
　　狀，加入蛋白。

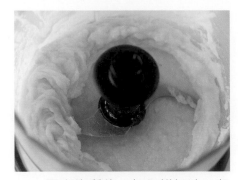

2　再次均質後，加入鮮奶油一起
　　攪拌均勻，取出後，裝入擠花
　　袋中，做成干貝慕斯備用。

3　已經去除腸泥的明蝦，從肚子
　　剖開，把肉鋪平。

4　把擠花袋前面剪一刀，並均勻
　　的在明蝦上擠上一條干貝慕
　　斯，擠壓時力道要一致，才不
　　會忽胖忽瘦。

5　擠完干貝慕斯後，將攤平的明
　　蝦肉往中間收攏，略微施壓，
　　讓干貝慕斯與明蝦肉更加密
　　合。

6　用保鮮膜將干貝鑲明蝦完整的
　　包起來。

<u>7</u>　再將兩端捲起，並打結。放入
　　水溫 75 度的鍋中，並且保持這
　　樣的溫度，煮 12 分鐘。

<u>8</u>　取出，去除保鮮膜後備用。

‖ 蔬菜千層凍

<u>9</u>　鍋中放入洋蔥、西芹、紅蘿蔔、
　　百里香、水煮蔬菜高湯，等到
　　濃縮至 200cc 時，加入吉利丁

<u>10</u>　白蘿蔔、牛番茄、山苦瓜、紅
　　甜椒、黃甜椒，使用奶油水汆
　　燙至熟，待冷卻，擦乾水分，
　　高麗菜鋪在模具底部。

<u>11</u>　再依序放入紅甜椒片。

<u>12</u>　再放入黃甜椒片。

<u>13</u>　接著放入山苦瓜片。

<u>14</u>　繼續放入牛番茄片。

<u>15</u>　再放入白蘿蔔片，最後倒入蔬菜高湯凍。

<u>16</u>　將高麗菜葉依序折疊到容器裡。

<u>17</u>　將完成的蔬菜千層凍，放入冰箱冷藏放隔夜。

<u>18</u>　取出、脫模。

<u>19</u>　再切成 1.5 公分的寬度備用。

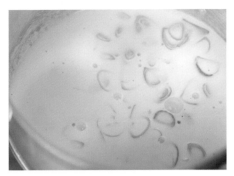

<u>20</u>　紅蔥頭片放入鍋中，加入白酒
　　濃縮至 1/2，再加入水及鮮奶
　　油煮至濃稠。

<u>21</u>　將殘渣過濾。

<u>22</u>　加入海膽醬。

<u>23</u>　一起攪拌均勻即完成。

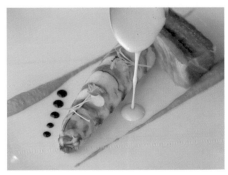

<u>24</u>　將明蝦放置盤中、旁邊放上蔬
　　菜千層凍，中間淋上海膽醬汁
　　後即完成。

西班牙海鮮飯

Chef tips

1 貝類不但肉可食用，有些貝殼更可入藥，是海產中的珍貴補品，購買時以活動力旺盛、腹足吸附力強且海腥味較少者即可。

2 選購鮮蝦時，蝦殼一定要透明的像玻璃狀，且蝦頭不會隨便晃動，蝦的肢體完整，且帶有亮麗光澤者為佳，此外，肉質摸起來有彈性、清爽而不粘滑者表示新鮮。

材料

淡菜…2 顆 _ 去殼
干貝…2 顆 _ 切 1 公分的厚片狀
草蝦…2 隻 _ 去除腸泥
蒜頭…2 顆 _ 切碎
洋蔥…20 公克 _ 去籽切 0.2 小丁
紅蔥頭…10 公克 _ 切碎
紅椒…1/2 顆 _ 去籽，用噴槍炙燒變黑，
洗靜切成 0.2 小丁
牛番茄…1/2 顆 _ 劃刀用滾水燙過後去
皮去籽切 0.2 小丁
小番茄…4 顆 _ 切碎
番紅花…1 公克
魚骨高湯（詳見 p.22）…450cc
橄欖油…40cc

義大利米…300 公克 _ 洗淨，事先用魚
骨高湯（詳見 p.22）適量浸泡
鹽…2 公克
胡椒…2 公克 _ 切碎
巴西里 5 公克 _ 切碎
檸檬汁 5cc
橄欖油 10cc

作法

｜西班牙海鮮飯

1　鑄鐵鍋熱鍋下油，加入蒜頭末、洋蔥末、紅蔥頭末爆香，再加入紅椒、牛番茄丁炒勻。

2　再加入番紅花一起拌炒均勻。

3　將火力改成大火，並嗆入白酒。

4　加入義大利米炒出香味逸出。

5　再加入分次加入魚高湯，可分三次加入，讓於高湯淹過米，分成10分鐘加完。

6　每次加入後炒到滾，期間需不時的攪拌

7 待米心煮至半熟,加入鹽巴、
　黑胡椒碎及番紅花調味。

8 再次攪拌均勻。

9 到加入第三次魚湯,且縮到一
　半湯汁時,熄火,移入已預熱
　烤箱中,上方覆蓋鋁箔紙,用
　烤箱160℃烤15分鐘。

10 鍋中放入適量的橄欖油燒熱,
　 放入淡菜、干貝、草蝦,煎至
　 金黃。

11 取出後鋪入飯中。再次移入烤
　 箱中,以160℃烤4分鐘。

12 最後淋上巴西里碎、檸檬汁、
　 橄欖油混合均勻的醬汁即完
　 成。

台灣廣廈 國際出版集團
Taiwan Mansion International Group

國家圖書館出版品預行編目（CIP）資料

主廚級西式肉料理：西餐經典主菜！1000張步驟圖解6大類肉
品，從食材選擇、配料佐搭、醬汁運用、烹調技法、到擺盤呈
現，讓你輕鬆在家做出餐廳級美味！／開平青年發展基金會著.
-- 初版. -- 新北市：台灣廣廈，2023.05
面； 公分.
ISBN 978-986-130-576-9（平裝）
1.CST: 肉類食物 2.CST: 烹飪 3.CST: 食譜

427.2   112002237

主廚級西式肉料理

西餐經典主菜！**1000**張步驟圖解**6**大類肉品，從食材選擇、配料佐搭、醬汁運用、
烹調技法、到擺盤呈現，讓你輕鬆在家做出餐廳級美味！

作　　　者／開平青年發展基金會　　　編輯中心編輯長／張秀環
攝　　　影／Hand in Hand Photodesign　封面設計／何偉凱・**內頁排版**／菩薩蠻數位文化有限公司
　　　　　　璞真奕睿影像　　　　　　　製版・印刷・裝訂／東豪・弼聖・秉成

行企研發中心總監／陳冠蒨　　　　　　線上學習中心總監／陳冠蒨
媒體公關組／陳柔彣　　　　　　　　　數位營運組／顏佑婷
綜合業務組／何欣穎　　　　　　　　　企製開發組／江季珊

發　行　人／江媛珍
法 律 顧 問／第一國際法律事務所 余淑杏律師・北辰著作權事務所 蕭雄淋律師
出　　　版／台灣廣廈
發　　　行／台灣廣廈有聲圖書有限公司
　　　　　　地址：新北市235中和區中山路二段359巷7號2樓
　　　　　　電話：（886）2-2225-5777・傳真：（886）2-2225-8052

代理印務・全球總經銷／知遠文化事業有限公司
　　　　　　地址：新北市222深坑區北深路三段155巷25號5樓
　　　　　　電話：（886）2-2664-8800・傳真：（886）2-2664-8801
郵 政 劃 撥／劃撥帳號：18836722
　　　　　　劃撥戶名：知遠文化事業有限公司（※單次購書金額未達1000元，請另付70元郵資。）

■出版日期：2023年05月